土壤和植物分析测试方法

高秀丽　尚洪磊　张文东　著

中国原子能出版社

图书在版编目（CIP）数据

土壤和植物分析测试方法 / 高秀丽，尚洪磊，张文东著. -- 北京：中国原子能出版社，2022.11
ISBN 978-7-5221-2432-2

Ⅰ. ①土… Ⅱ. ①高… ②尚… ③张… Ⅲ. ①土壤分析－分析方法 Ⅳ. ①S151.9

中国版本图书馆CIP数据核字(2022)第228652号

内容简介

本书是作者基于10多年实验室工作经验和查阅了大量的标准方法及文献资料精心编写而成的，并经数十名科研工作者在实验室多年试用、审定。书中编选的方法成熟可靠，可操作性强，有极高的实用价值。全书分为3部分，主要内容包括：第1部分，土壤微生物量样品的前处理及碳、氮、磷测定方法；第2部分，土壤样品前处理方法、土壤物理性质测定方法、矿物元素的测定方法、重金属的测定方法及养分的测定方法；第3部分，植物样品前处理方法、植物物理性质测定方法、矿物元素的测定方法、重金属的测定方法及养分的测定方法。

土壤和植物分析测试方法

出版发行　中国原子能出版社（北京市海淀区阜成路43号　100048）
责任编辑　刘　佳
装帧设计　河北优盛文化传播有限公司
责任印制　赵　明
印　　刷　北京天恒嘉业印刷有限公司
开　　本　710 mm×1000 mm　1/16
印　　张　15.75
字　　数　260千字
版　　次　2022年11月第1版　　2022年11月第1次印刷
书　　号　ISBN 978-7-5221-2432-2　　定　　价　88.00元

前言 PREFACE

一、随着科学技术的蓬勃发展，大量的先进实验仪器投入使用，其技术方法也在日益丰富和不断更新，常见的实验指导用书难以满足科研人员的需求。本书收录了大量有文献依据的新标准方法，书中的实验方法符合先进实验仪器使用，可为科研人员和学生使用和参考。

二、关于几个名词的含义。

（1）水：不加说明的水，一律指普通蒸馏水或去离子水。

（2）试剂级别：不加说明的试剂，一律指分析纯（Ⅱ级、AR）试剂。

（3）溶液：不加说明时，均指水溶液。

（4）定容：包括在量器加水或某溶液准确至标线，并充分摇匀的全部操作。

（5）分取倍数：待测液总体积 / 吸取原溶液体积。

（6）稀释倍数：稀释后的定容体积 / 吸取原溶液体积。

（7）液土比：浸提剂体积 / 试样质量。

（8）空白试验：指为校正试剂误差、操作误差、仪器误差而做的空白试验，其测定条件与试样测定完全一致。

（9）体积比浓度：系指液体试剂用水稀释或液体试剂相互混合时，溶液浓度常用体积比表示，例如 1+3 盐酸溶液即表示 1 体积盐酸与 3 体积水混合。

（10）称至恒量：系指两次烘干或灼烧后称量之差不超过 0.2 mg。

三、本书选用分析方法的原则。

（1）方法原理和分析技术比较成熟，结果稳定可靠，能满足科研实际工作要求的准确度和精密度。

（2）操作简单，技术和仪器设备条件适合于不同层次实验室，有广泛的适应能力，便于普及推广。

（3）每一项目一般选用一种分析方法。但由于土壤类型、含量浓度以及实验室的技术和仪器设备条件差异，同时选用两种或两种以上的分析方法，以供选用。对部分迫切需要测定的项目，目前又尚无十分成熟的分析方法，因而推荐“试用”方法，可供参考。

四、本书中各项全量分析结果计算，不加说明者，均以烘干样品为计算基础；有效养分的结果则以风干样品计算。

五、本书不仅提供原始方法，同时也包含如下几种更为简单便捷的分析方法（推荐）。

（1）土壤和植物全氮、全碳：元素分析仪法。

（2）土壤和植物无机元素：波长色散 X 射线荧光光谱法。

（3）土壤有机碳：燃烧氧化—非分散红外法。

（4）微生物量碳、氮：TOC 分析仪法或流动分析仪法。

（5）微生物量全磷、无机磷：流动分析仪法。

（6）土壤和植物全磷：土壤中无机元素测定和植物中无机元素测定 –ICP 光谱法。

（7）土壤机械组成：激光粒度仪法。

在本书的编写过程中，参考了大量标准（环境标准、农业标准、林业标准、国家标准）和文献资料，以及土壤农业化学分析、土壤农化分析、土壤分析技术规范（第二版）、土壤微生物生态学及其实验技术、土壤微生物研究原理与方法、土壤微生物生物量测定方法及其应用、陆地生物群落调查观测与分析等书，但本书只列出了主要参考标准和文献，特此说明，并向所有作者一并致以衷心的感谢。由于土壤和植物分析测试方法内容广泛，而编者水平有限，本书仍有改进空间，热切地希望采用这本书科研工作者和同学们多多提出宝贵意见和建议，以便日后完善。

其他参与本书撰写、资料整理的人员还有黄文婕、张江梅、王烈林、杨巍、侯东杰、李代魁、于琼、费希同，在此表示感谢！

意见和建议联系：邮箱 z13520794698@163.com

目录

CONTENTS

1 土壤微生物量样品处理及碳、氮、磷测定方法 …… 001

1.1 土壤微生物量样品处理方法 …… 002

1.2 土壤微生物量碳、氮的浸提方法 …… 003

1.3 土壤微生物量碳、氮的测定方法 …… 005

1.4 土壤微生物量氮的测定方法 …… 008

1.5 土壤微生物量碳的测定方法 …… 011

1.6 土壤微生物量全磷的浸提方法 …… 014

1.7 土壤微生物量全磷的测定 …… 016

1.8 土壤微生物量全磷的测定方法 …… 019

1.9 土壤微生物量无机磷的浸提方法 …… 023

1.10 土壤微生物量无机磷的测定 …… 025

1.11 土壤微生物量无机磷的测定方法 …… 027

1.12 新型真空干燥器使用说明书 …… 031

1.13 土壤微生物呼吸的测定方法 …… 033

1.14 PLFA 测定操作规程 …… 035

2 土壤分析测试方法 …… 040

2.1 土壤样品的处理和贮存 …… 041

2.2 土壤中无机元素的测定 …… 043

2.3 土壤和沉积物无机元素的测定 …… 046

2.4 土壤和沉积物 12 种金属元素的测定 …… 048
2.5 土壤和沉积物 汞、砷、硒、铋、锑的测定 …… 052
2.6 土壤有机碳的测定 …… 060
2.7 土壤有机碳测定方法 …… 062
2.8 土壤 pH 的测定 …… 066
2.9 土壤全氮、全碳的测定 …… 068
2.10 土壤全氮的测定 …… 071
2.11 土壤水解性氮的测定 …… 074
2.12 土壤销态氮、铵态氮的测定 …… 077
2.13 土壤全磷的测定 …… 082
2.14 土壤有效磷的测定 …… 086
2.15 土壤水分测定方法 …… 091
2.16 土壤速效钾测定方法 …… 094
2.17 土壤中交换钾、钠、钙、镁、锰测定方法 …… 096
2.18 土壤有效态铜、锌、铁、锰测定方法 …… 097
2.19 土壤有效养分的联合浸提测定 …… 100
2.20 土壤阳离子交换量的测定 …… 103
2.21 土壤阳离子交换量测定方法 …… 106
2.22 土壤颗粒组成的测定方法 …… 109
2.23 土壤中木质素的测定操作规程 …… 114
2.24 土壤粒径的测定 …… 116
2.25 土壤有效硫的测定 …… 118
2.26 土壤有效硼的测定方法 …… 121
2.27 土壤碳酸钙的测定 …… 124
2.28 土壤容重的测定 …… 128
2.29 土壤田间持水量的测定方法 …… 130

2.30 土壤田间持水量测定方法……132
2.31 土壤大团聚体组成的测定……133
2.32 土壤有机磷的分离测定……136
2.33 土壤水溶性盐分分析……141
2.34 土壤阳离子交换量的测定……157
2.35 土壤酶活性测定实验方法……159
2.36 土壤轻重组有机质测定……167
2.37 土壤交换态钙、结合态钙及其结合碳、游离铁及其结合碳、无定型态铁、络合态铁的测定……170
2.38 土壤有效硅的测定……175
2.39 土壤最大吸湿量的测定……178
2.40 土壤氧化还原电位的测定……179
2.41 土壤缓效钾的测定……184
2.42 土壤有机碳分类的测定……186
2.43 土壤有机碳活性和难降解性的测定……188
2.44 土壤中有效硼的测定方法……190
2.45 土壤中有效钼的测定方法……192

3 植物分析测试方法……194

3.1 植物样品采集……195
3.2 植物样品的制备……195
3.3 样品研磨或粉碎……196
3.4 植物水分测定方法……197
3.5 植物全氮、全碳的测定（元素分析仪法）……198
3.6 植物全碳测定方法（重铬酸钾外加热法）……199
3.7 植物全氮的测定（凯氏定氮法）……202
3.8 植物中氮、磷、钾的测定……204

3.9 植物 22 种元素的测定 …… 211
3.10 植物中砷、锑、铋和汞元素的测定 …… 216
3.11 植物中无机元素的测定 …… 221
3.12 森林植物与森林枯枝落叶层粗灰分的测定方法 …… 224
3.13 植物样品中无机元素的测定 …… 227
3.14 植物样品中叶绿素的测定 …… 229
3.15 植物中可溶性糖的测定 …… 231
3.16 植物中还原糖和总糖的测定 …… 235

参考文献 …… 239

1
土壤微生物量样品处理及碳、氮、磷测定方法

方法依据

《土壤农业化学分析方法》 主编 鲁如坤

《土壤微生物研究原理与方法》 主编 林先贵

《土壤微生物生物量测定方法及其应用》 主编 吴金水 林启美

《土壤微生物生态学及其实验技术》 主编 姚槐应 黄昌勇

1.1　土壤微生物量样品处理方法

1.1.1　采样与样品预处理

土壤样品的采集方法和要求与测定其他土壤性质时没有本质区别。采集到的新鲜的土壤样品立即除去植物残体、根系和可见的土壤动物（如蚯蚓）等，然后迅速过筛（2 ～ 3 mm)，放在低温（2 ～ 4 ℃）保存。如果土壤太湿无法过筛，进行晾干时必须经常翻动土壤，避免局部风干导致微生物死亡。过筛的土壤样品需调节到 40% 左右的田间持水量，在室温下放在密闭的装置中预培养 1 周，密闭容器中要放入两个适中的烧杯，分别加入水和稀氢氧化钠溶液，以保持其湿度和吸收释放的 CO_2。预培养后的土壤最好立即分析，也可放在低温（2 ～ 4 ℃）保存。

1. **不培养**

主要是看试验的目的，不是所有试验都需要培养，如果你想要反映在样地实时微生物量的情况就不需要培养，取样品后尽快进行分析即可（如果你需要知道土壤中微生物量的最大潜质，那就需要培养。）

2. **培养**

取新鲜土壤 80 g 左右，（如果土壤比较干，就需要调节水分，用喷壶喷水，土壤调节到用手轻轻一抓就成团，一碰就散开即可。）装入 125 mL 塑料广口瓶中，瓶口用带 4 个气孔的封口膜盖上并用橡皮筋勒紧。放入 25 ℃培养箱中，如果没有加湿功能的培养箱，需要每天定时向培养箱中广口瓶上面喷水，以保持湿度（每天一次即可，最后一天就不用再喷水了，不需要打开封口膜）培养 1 周。培养结束后，去掉封口膜，把广口瓶中土壤样品倒入 4 号自封袋混匀，备用。

1.1.2　仪器设备

（1）培养箱（最好有加湿功能）；

（2）冰箱；

（3）125 mL 塑料广口瓶；

（4）土壤筛（2～3 mm)；

（5）带 4 个气孔的封口膜；

（6）4 号自封袋。

1.2 土壤微生物量碳、氮的浸提方法

1.2.1 方法依据

《土壤农业化学分析方法》 主编 鲁如坤

1.2.2 方法要点

土壤经氯仿熏蒸处理，微生物被杀死，细胞破裂后，细胞内容物释放到土壤中的可提取碳、氮等大幅增加。通过测定浸提液中全碳、全氮的含量可以计算土壤微生物生物量碳、氮。

1.2.3 仪器

培养箱；新型真空干燥器；真空泵；回旋振荡机（振荡速率 220 r/min）；冰柜；125 mL 塑料广口瓶。

1.2.4 试剂

（1）0.5 mol/L 硫酸钾溶液：称取 87.10 g 硫酸钾溶于 900 mL 热水中，冷却后用水定容至 1 L。（把去离子水加热到 70 ℃左右，倒入盛有硫酸钾烧杯中用玻璃棒搅拌至全部溶解，冷却后定容。）

（2）三氯甲烷去除乙醇：取一个 500 mL 分液漏斗，加入 300 mL 三氯甲烷，加入 100 mL 水，摇匀 1 min，弃去上部的水分，反复 2～3 次，放出下层三氯甲烷备用。

（3）1 mol/L 氢氧化钠溶液：称取 40 g 氢氧化钠溶于 1 L 水中。

1.2.5 操作步骤

1. 未熏蒸

称取 20 g 新鲜土壤于 125 mL 广口瓶中，加入 0.5 mol/L 硫酸钾溶液 50 mL, 放在振荡机上以 220 r/min 振荡 30 min(25 ℃) 后，使用定量滤纸过滤（微生物量多，可以用土液比 1 ∶ 4 效果最好。）

2. 含水量

称取 20 g 新鲜土壤于铝盒中，放在 105 ℃烘箱中 24 h, 烘干至恒重，冷却后称重，算出含水量。

3. 熏蒸

称取 20 g 新鲜土壤于 125 mL 广口瓶中，放入新型真空干燥器中。放入 3 个 100 mL 烧杯，内盛有 50 mL 去除乙醇的三氯甲烷，再加入一个盛有 50 mL 1 mol/L 氢氧化钠溶液的烧杯，抽真空后，放入 25 ℃培养箱中熏蒸 24 h。培养后去除样品中的三氯甲烷，加入 0.5 mol/L 硫酸钾溶液 50 mL, 放在振荡机上以 220 r/min 振荡 30 min(25 ℃) 后，使用定量滤纸过滤（详细操作看本书中，新型真空干燥器使用说明书，微生物量多，可以用土液比 1 ∶ 4 效果最好。）

1.2.6 注意事项

（1）操作步骤中的 1、2、3 必须使用的是同一个新鲜土壤样品。

（2）振荡机有两种：一是往复振荡机是需要 200 r/min 就可以，二是回旋振荡机是需要 220 r/min 就可以。最好使用能控制温度振荡机。

（3）待测液：不能及时分析需要冷冻保存。

（4）在新型真空干燥器的最上层放置氯仿时一定要放在中间，千万不要靠近真空表附近，影响真空表的准确读数。

（5）新型真空干燥器使用说明在 P_{31} ～ P_{32}。

1.2.7 仪器图片

实验用到的仪器如图 1–1 所示。

图 1–1 新型真空干燥器一套

1.3 土壤微生物量碳、氮的测定方法

1.3.1 方法要点

待测液通过加盐酸处理，使碳酸钙完全分解，在燃烧管中高温（1000 ℃）燃烧，使被测元素碳、氮分别转化为 CO_2 和 N_2，产生的 CO_2 和 N_2 导入非分散红外检测器，在一定浓度范围内，CO_2 和 N_2 的红外线吸收强度与其浓度成正比，根据 CO_2 和 N_2 产生的量计算土壤微生物中总有机碳和氮的量。

1.3.2 试剂

（1）8% 盐酸溶液：吸取 21 mL38% 浓盐酸于水中，定容至 1 L。

（2）氧气（99.99%）。

（3）有机碳 (TOC) 标准溶液 1000 μg/mL ：网上购买 [GBW(E)082053]

（4）总氮（TN）标准溶液 500 μg/mL ：网上购买 [GBW(E)081019]

（5）100 μg/mL 有机碳 (TOC) 标准溶液：准确吸取 10 mL 有机碳 (TOC) 标准溶液 1000 μg/mL 于 100 mL 容量瓶中，用超纯水稀释至刻度。

（6）100 μg/mL 总氮（TN）标准溶液：准确吸取 20 mL 总氮（TN）标准溶液 500 μg/mL 于 100 mL 容量瓶中，用超纯水稀释至刻度。

1.3.3 仪器

总有机碳分析仪。

1.3.4 操作步骤

（1）标准制作：分别吸取 100 μg/mL 有机碳 (TOC) 标准溶液 0 mL、1 mL、5 mL、10 mL、15 mL、20 mL 再分别吸取 100 μg/mL 总氮（TN）标准溶液 0 mL、1 mL、2 mL、3 mL、4 mL、5 mL 于 100 mL 容量瓶中，用超纯水稀释至刻度，摇匀。获得有机碳 (TOC)0 μg/mL、1 μg/mL、5 μg/mL、10 μg/mL、15 μg/mL、20 μg/mL 和总氮（TN）0 μg/mL、1 μg/mL、2 μg/mL、3 μg/mL、4 μg/mL、5 μg/mL 标准系列溶液，在总有机碳分析仪上绘制标准曲线。（可以配混标，也可以配单标。）

（2）样品测定：准确吸取 1 mL 待测液于玻璃试管中，加入 0.2 mL8% 盐酸溶液，再加入 6.8 mL 超纯水，放在自动进样器上测定。（待测液上机稀释多少倍，根据自己样品决定的。）

1.3.5 结果计算

1. **总有机碳和总氮的质量分数的计算**

$$T_{\mathrm{OC}} / T_{\mathrm{N}} = \frac{C \times V \times t_{\mathrm{s}}}{m}$$

式中：

T_{OC}，T_{N}——分别是总有机碳和总氮的质量分数，mg/kg；

C——测定液中分别总有机碳和总氮的质量浓度，μg/mL；

V——浸提液体积，mL；

t_{s}——分取倍数；

m——烘干土样质量，g。

2. **微生物生物量总有机碳（$\mathrm{B_C}$）的计算**

$$(\mathrm{B_C})=E_{\mathrm{C}}/K_{\mathrm{EC}}$$

式中：

$(\mathrm{B_C})$——微生物生物量总有机碳（$\mathrm{B_C}$）质量分数 ,mg/kg；

E_C——熏蒸土样所浸提的有机碳量与未熏蒸土样所浸提的有机碳量之间的差值，mg/kg；

K_{EC}——熏蒸杀死的微生物中的碳被 K_2SO_4 所提取的比例，常取值为 0.45。

3. 微生物生物量总氮（B_N）的计算

$$(N)=E_N/K_{EN}$$

式中：

(N)——微生物生物量总氮（B_N）质量分数，mg/kg；

E_N——熏蒸土样所浸提的全氮 N 与未熏蒸土样之间的差值，mg/kg；

K_{EN}——熏蒸杀死的微生物中的氮被 K_2SO_4 所提取的比例，常取值为 0.45（或 0.54）。根据自己查得文献选用。

1.3.6　仪器图片

实验用到的仪器如图 1–2 所示。

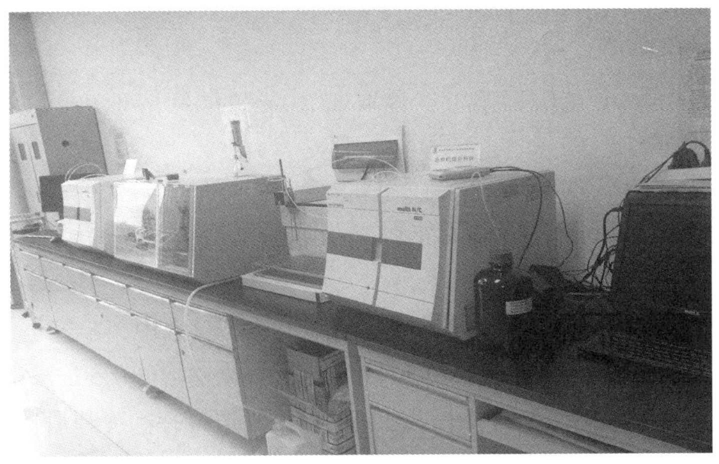

图 1–2　总有机碳分析仪

1.4　土壤微生物量氮的测定方法

1.4.1　方法要点

土壤经氯仿熏蒸处理，微生物被杀死，细胞破裂后，细胞内容物释放到土壤中的可提取氮大幅增加。通过测定浸提液中全氮的含量可以计算土壤微生物生物量氮。

浸提液中氮可用凯氏定氮容量法测定，也可以用 TOC 分析仪测定。此处介绍比较复杂的凯氏定氮容量法测定方法。

1.4.2　主要仪器

凯氏定氮仪、消煮炉。

1.4.3　试剂

（1）0.5 mol/L 硫酸钾溶液：称取 87.10 g 硫酸钾溶于 900 mL 热水中，冷却后用水定容至 1 L。

（2）浓硫酸（密度 1.84 g/mL, 分析纯）。

（3）加速剂：称取 100 g 硫酸钾和 10 g 硫酸铜混匀，粉碎，备用。（使用万能粉碎机粉碎 30 s 左右即可。）

（4）2% 硼酸溶液：称取 20 g 硼酸溶于 800 mL 水中，定容至 1 L。

（5）40% 氢氧化钠溶液：称取 1000 g 氢氧化钠溶于 2.5 L 水中。（一般取 2 瓶氢氧化钠倒入 2.5 L 水中，边加氢氧化钠边搅拌。冷却后使用，必须在通风橱里操作。）

（6）指示剂 : 称取 0.099 g 溴甲酚绿和 0.066 g 甲基红溶于 100 mL 95% 乙醇中。

（7）酸标准溶液：0.01 mol/L（1/2 H_2SO_4）

用移液管或移液器量取 1.42 mL 的 H_2SO_4，加水定容至 5 L。

（8）0.0200 mol/L 1/2 $Na_2B_4O_7$（硼砂）标准溶液 : 称取 1.9068 g 硼砂（$Na_2B_4O_7 \cdot 10H_2O$，需使用实验室干燥器中平衡好的），溶于水中，移入

500 mL 容量瓶中，用水定容。

1.4.4 操作步骤

（1）准确吸取 20 mL 待测液于内盛有加速剂 1 g 的凯氏消煮管中，缓慢加入浓 H_2SO_4 5 mL，摇匀，瓶口加盖漏斗，然后置于消煮炉上消煮，由低温开始升温到 360 ℃。消煮样品同时做 2 个空白（加 20 mL 硫酸钾溶液，其他试剂和样品一致）。注：继续消煮时必须把消煮炉降温至 200 ℃左右再放下一批样品，如果高温放样品会破坏消煮管。

（2）消煮 1.5 h。消煮完毕后，冷却，待蒸馏。

（3）待消煮液冷却后，将漏斗上的残留物用少量蒸馏水洗入消煮管内，然后把消煮管接到蒸馏装置上；同时将洗干净的 250 mL 三角瓶滴入 3 ～ 5 滴指示剂，接到冷凝管的下端，操作仪器进行蒸馏。

（4）蒸馏完毕，用少量蒸馏水冲洗冷凝管端部，取下三角瓶，然后用 0.01 mol/L 硫酸标准溶液滴定，当蒸馏溶液由蓝绿色突变粉红色即达到滴定终点，记下滴定的体积数（mL）。滴定空白时，缓慢滴定，以免滴过量。

（5）标定：用移液器准确吸取 5 mL 0.02 mol/L 硼砂标准溶液 2 ～ 3 份于 150 mL 三角瓶中，分别加 3 ～ 4 滴指示剂，用于标定硫酸标准溶液浓度。

1.4.5 计算方法

1. 硫酸精确浓度的计算

$$C=\frac{0.02\times V}{V_1}$$

式中：

C——硫酸精确浓度，mol/L；

0.02——0.02 mol/L 硼砂标准溶液浓度，mol/L；

V——吸取 0.02 mol/L 硼砂标准溶液体积，mL；

V_1——滴定 0.02 mol/L 硼砂标准溶液所用去的硫酸溶液的体积，mL。

2. 全氮质量分数的计算

$$全氮\ \mathrm{N}\ (\mathrm{mg/kg})=(V-V_{\mathrm{O}})\times C\times 14\times t_s\times 10^3/m$$

式中：

N——全氮（TN）质量分数，mg/kg；

V——滴定样品用酸标准溶液的 mL 数；
V_O——滴定空白用酸标准溶液的 mL 数；
C——酸标准溶液的浓度 ,mol/L；
14——氮原子的摩尔质量，g · mol^{-1}；
t_s——分取倍数；
10^3——换算为 mg/kg 的系数；
m——烘干土样品的质量，g。

3. 微生物生物量氮的计算

$$(N)=E_N/K_{EN}$$

式中：
(N)——微生物生物量氮（B_N）质量分数，mg/kg；
E_N——熏蒸土样所浸提的全氮 N 与未熏蒸土样之间的差值，mg/kg；
K_{EN}——熏蒸杀死的微生物中的氮被 K_2SO_4 所提取的比例，常取值为 0.45。

1.4.6　注意事项

（1）消煮待测液时，必须是一个未熏蒸一个熏蒸的顺序测定，这可以保持未熏蒸和熏蒸的待测液操作过程一致，减少误差。

（2）做空白时需要把定氮仪清洗几次，再做空白样品。这样可以保证空白不被污染。

1.4.7　仪器图片

实验用到的仪器如图 1–3 所示。

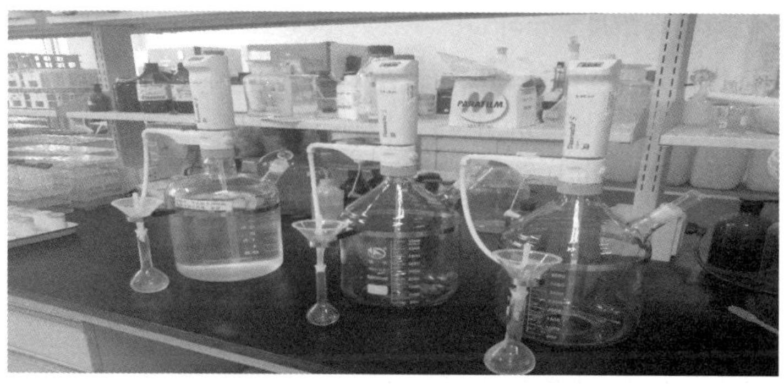

图 1–3　定量式多功能转移冲洗器

（主要用于有机碳、全磷、微波消解、微生物氮、微生物碳、微生物磷等转移使用，非常方便快捷，大大减轻实验员工作强度。）

1.5 土壤微生物量碳的测定方法

1.5.1 方法要点

土壤经氯仿熏蒸处理，微生物被杀死，细胞破裂后，细胞内容物释放到土壤中的可提取全碳大幅增加。通过测定浸提液中全碳的含量可以计算土壤微生物生物量碳。

浸提液中碳可用重铬酸钾容量法测定，也可以用 TOC 分析仪测定。此处介绍比较复杂的重铬酸钾容量法测定方法。

1.5.2 主要仪器

50 mL 数字滴定器；温度计 (250 ℃)；玻璃试管（2.5 cm × 30 cm）；和试管匹配的小漏斗；电磁炉（家用即可）；油浴锅（家用双底加厚即可）；铁丝笼（大小和形状与油浴锅配套，内有若干小格，每格内可插入 1 支试管）；三角瓶（150 mL）；10 mL 瓶口分液器；5 mL 液枪等 。

1.5.3 试剂

（1）0.5 mol/L 硫酸钾溶液：称取 87.10 g 硫酸钾溶于 900 mL 热水中，冷却后用水定容 1 L。

（2）0.4 mol/L 重铬酸钾溶液：称取 19.6123 g 重铬酸钾（$K_2Cr_2O_7$，分析纯）溶解于 800 mL 水中，用水定容 1 L。（有条件的实验室可用超声波溶解）

（3）0.1 mol/L 硫酸亚铁溶液：称取 28.0 g 硫酸亚铁（$FeSO_4 \cdot 7H_2O$，分析纯），溶解于 400 mL 水，加 15 mL 浓硫酸，用水定容 1 L。（有条件的实验室可用超声波溶解）

（4）邻啡啰啉指试剂：称取 1.485 g 邻啡啰啉（$C_{12}H_{11}O_2N$）及 0.695 g 硫酸亚铁（$FeSO_4 \cdot 7H_2O$，分析纯），溶解于 100 mL 水中。贮于棕色瓶中。（有条件的实验室可用超声波溶解）

（5）浓硫酸（密度 1.84 g/mL, 分析纯）。

（6）0.1 mol/L 重铬酸钾标准溶液：称取 4.9031 g 在 105 ℃烘干（一般烘 2 个小时）的重铬酸钾（$K_2Cr_2O_7$，分析纯）溶解于 800 mL 水中，加 70 mL 浓硫酸，冷却后用水定容 1 L。（有条件的实验室可用超声波溶解）此溶液用来标定硫酸亚铁精确浓度。

1.5.4 硫酸亚铁标定方法及计算

分别吸取 10 mL 0.1 mol/L $K_2Cr_2O_7$ 标准溶液，放在三个 150 mL 三角瓶中，加入 3 滴邻啡啰啉指试剂，用 0.1 mol/L 硫酸亚铁溶液滴定。（溶液由橙黄经蓝绿变棕红色滴定终点）

按以下公式计算硫酸亚铁精确浓度：

$$C=\frac{0.1\times V}{V_1}$$

式中：

C——硫酸亚铁精确浓度，mol/L；

0.1——0.1 mol/L 重铬酸钾标准溶液浓度，mol/L；

V——吸取 0.1 mol/L 重铬酸钾标准溶液体积，mL；

V_1——滴定 0.1 mol/L 重铬酸钾标准溶液所用去的硫酸亚铁溶液的体积，mL。

1.5.5 操作步骤

（1）准确吸取 10 mL 待测液于玻璃试管中，（消煮管中要加少许玻璃珠，起到防溅出的作用。）加入 5 mL 0.4 mol/L 重铬酸钾溶液于玻璃试管中，然后再用瓶口分液器加入 5 mL 浓硫酸于玻璃试管中。（注：需缓慢加入硫酸，速度过快易产生喷溅发生危险！）

（2）消煮：先将油浴锅加热至 195 ℃，将盛待测液的玻璃试管插入铁丝笼架中，加上小漏斗。然后将其放入油锅中加热，此时应控制锅内温度在 170 ~ 180 ℃之间，等到大部分试管都沸腾，开始计时。保持沸腾 5 min，（消煮时间要精确到秒）然后取出铁丝笼架，待试管稍冷后，消煮完成。（如煮沸后的溶液呈绿色，表示重铬酸钾用量不足，应减少吸取待测液的量。）

（3）滴定：先将小漏斗取下，再将 150 mL 三角瓶洗干净后加入 3 ~ 5

滴邻啡啰啉指试剂。将试管内混合物洗入 150 mL 三角瓶中，使瓶内溶液体积在 60 ～ 80 mL 左右，用 0.1 mol/L 硫酸亚铁溶液滴定，溶液由橙黄经蓝绿变棕红色终点。

注：每批分析时，必须做 2 ～ 3 个空白；空白加 10 mL 硫酸钾溶液，其他试剂和样品一致，但要加入玻璃珠，(在消煮时起到防止溅出)记录硫酸亚铁用量（V_0）。

1.5.6　计算公式

1. **有机碳计算**

$$有机碳\ C\ (\mathrm{mg/kg})=(V_O-V)\times C\times 3\times t_s\times 10^3/m$$

式中：

C(mg/kg)——有机碳（OC）质量分数，mg/kg；

V_O——滴定空白用硫酸亚铁标准溶液的 mL 数；

V——滴定样品用硫酸亚铁标准溶液的 mL 数；

C——硫酸亚铁标准溶液的浓度，mol/L；

t_s——分取倍数；

3——碳（1/4 C) 的豪摩尔质量，$g\cdot mol^{-1}$；

10^3——换算为 mg/kg 的系数；

m——烘干土样品的质量，g。

2. **微生物生物量碳（B_C）的计算**：

$$(B_C)=E_C/K_{EC}$$

式中：

(B_C)——微生物生物量有机碳（B_C）质量分数 ,mg/kg；

E_C——熏蒸土样所浸提的有机碳量与未熏蒸土样所浸提的有机碳量之间的差值，mg/kg；

K_{EC}——熏蒸杀死的微生物中的碳被 K_2SO_4 所提取的比例，常取值为 0.38。

1.5.7　注意事项

（1）每一批要控制在 8 ～ 10 个样品，2 ～ 3 个空白，进行消煮。

（2）消煮待测液时，必须是一个未熏蒸一个熏蒸的顺序测定，这可以保持未熏蒸和熏蒸的待测液检测过程一致，减少误差。

1.6　土壤微生物量全磷的浸提方法

1.6.1　方法依据

《土壤农业化学分析方法》　主编 鲁如坤

1.6.2　方法要点

土壤经氯仿熏蒸处理，微生物被杀死，细胞破裂后，细胞内容物释放到土壤中的可提取全磷大幅增加。通过测定浸提液中全磷的含量可以计算土壤微生物生物量全磷。

1.6.3　仪器

培养箱；新型真空干燥器；真空泵；回旋振动机（振荡速率 220 r/min）；冰柜；125 mL 塑料广口瓶。

1.6.4　试剂

（1）0.5 mol/L 碳酸氢钠溶液：称取 42.0 g 碳酸氢钠溶解于 900 mL 水中，以 0.5 mol/L 氢氧化钠溶液调节 pH 至 8.5，再用水定容至 1 L。（此溶液不易长时间贮存，最好一周之内用完。）

（2）三氯甲烷去除乙醇：取一个 500 mL 分液漏斗，加入 300 mL 三氯甲烷，加入 100 mL 水，摇匀 1 min，弃去上部的水分，反复 2 ～ 3 次，放出下层三氯甲烷备用。

（3）250 μg/mL 磷（P）标准溶液：称取 1.0984 g(在 105 ℃烘干 2 ～ 3 h）的磷酸二氢钾（KH_2PO_4，分析纯）溶解于 800 mL 水中，用水定容到 1 L。

1.6.5　操作步骤

（1）未熏蒸：称取 5 g 新鲜土壤于 125 mL 广口瓶中，加入一勺无磷活性炭，加入 100 mL0.5 mol/L 碳酸氢钠溶液，放在振荡机上以 220 r/min 振荡 30 min (25 ℃) 后，使用定量滤纸过滤。（微生物量少，可以用土液比 1 ∶ 10

效果最好。）

（2）含水量：称取 20 g 新鲜土壤于铝盒中，放在 105 ℃烘箱中 24 h，冷却后称重，算出含水量。

（3）熏蒸：称取 5 g 新鲜土壤于 125 mL 广口瓶中，放入新型真空干燥器中，加入去除乙醇的三氯甲烷，抽真空后，放入 25 ℃培养箱中熏蒸 24 h。培养后去除样品中的三氯甲烷，加入一勺无磷活性炭，加入 0.5 mol/L 碳酸氢钠溶液 100 mL，放在振荡机上以 220 r/min 振荡 30 min (25 ℃) 后，使用定量滤纸过滤。（详细操作看本书中，新型真空干燥器使用说明书）（微生物量少，可以用土液比 1 ∶ 10 效果最好。）

（4）加标回收率：称取 5 g 新鲜土壤（3 份）分别于 125 mL 广口瓶中，加入一勺无磷活性炭，加入 0.5 mL 250 μg/mL 磷（P）标准溶液（外加磷的量相当于 25 μg/g 土），加入 100 mL 0.5 mol/L 碳酸氢钠溶液，放在振荡机上以 220 r/min 振荡 30 min (25 ℃) 后，使用定量滤纸过滤。（注：主要看土壤吸附了磷的量，用来校正微生物量磷。）

1.6.6 注意事项

（1）操作步骤中的 1、2、3、4 必须使用的是同一个新鲜土壤样品。

（2）振荡机有两种：一是往复振荡机是需要 200 r/min 就可以，二是回旋振荡机是需要 220 r/min 就可以。最好使用能控制温度的振荡机。

（3）待测液：不能及时分析需要冷冻保存。

（4）在新型真空干燥器的最上层放置氯仿时一定要放在中间，千万不要靠近真空表附近，影响真空表的准确读数。

（5）新型真空干燥器使用说明在 P_{31} ～ P_{32}。

（6）如果用分光光度计法测定就无需加无磷活性炭脱色。

1.6.7 仪器图片

实验用到的仪器如图 1–4 所示。

图 1-4　新型真空干燥器一套

1.7　土壤微生物量全磷的测定

1.7.1　方法要点

本方法中测定磷的步骤分为三步：第一，样品与过硫酸钾在紫外消化器中混合，这个消化步骤中有机磷被分解；第二，多磷酸盐经过 95 ℃加酸水解转变为正磷酸盐；第三，正磷酸盐与钼酸铵、酒石酸锑钾和抗坏血酸反应生成磷钼蓝，在 660 nm 或 880 nm 处进行比色测定。

1.7.2　试剂

1. 消化液

过硫酸钾	10 g
去离子水	1000 mL

溶解 10 g 过硫酸钾至 500 mL 水中并稀释至 1 升。每周更新。

2. 十二烷基硫酸钠

十二烷基硫酸钠	1.5 g

去离子水	1000 mL

1.5 g 十二烷基硫酸钠溶于 500 mL 蒸馏水并稀释至 1 L，混匀。两周更新。

3. 钼酸铵

钼酸铵	12.8 g
硫酸	128 mL
酒石酸锑钾	0.032 g
去离子水	1000 mL

溶解 12.8 g 钼酸铵和 0.032 g 酒石酸锑钾于 500 mL 水里。小心地边搅拌边加入 128 mL 硫酸。冷却至室温后稀释至 1 L 并混匀。棕色瓶中保存。每月更新。

4. 抗坏血酸

抗坏血酸	32 g
去离子水	1000 mL

32 g 抗坏血酸溶于 600 mL 蒸馏水，稀释至 1000 mL。溶液混均，储存于棕色瓶中，冷藏。每周更新。

1.7.3 标准曲线

100 ppm 磷（P）标准溶液

称取 0.4394 g（在 105 ℃烘干 2 ～ 3 h）的磷酸二氢钾（KH_2PO_4，分析纯）溶解于 800 mL 水中，加 5 mL 浓硫酸（防腐），用水定容到 1 L，浓度为 100 ppm 磷（P），此溶液可以长期保存。

分别吸取 100 ppm 磷（P）标准溶液 0 mL、0.5 mL、1 mL、2 mL、4 mL、6 mL、8 mL、10 mL 于 100 mL 容量瓶中，用水定容，摇匀，获得 0 ppm、0.5 ppm、1 ppm、2 ppm、4 ppm、6 ppm、8 ppm、10 ppm 磷（P）标准系列溶液，选 660 nm 波长比色。

1.7.4 结果计算

1. 全磷 mg/kg 的计算

$$\text{全磷}\ (\mathrm{mg/kg}) = \frac{C \times V}{m}$$

式中：

C——从工作曲线上查得显色液磷的质量浓度，μg/mL；

V——浸提液体积，mL；

m——烘干土样质量，g。

2. **微生物生物量全磷（B_P）的计算**

$$(P)=E_{Pt}/(K_P\times R_{Pi})$$

式中：

(P)——微生物生物量全磷（B_P）质量分数，mg/kg；

E_{Pt}——熏蒸土样所浸提的全磷量与未熏蒸土样所浸提的全磷量之间的差值，mg/kg；

R_{Pi}——[(加 P_i 的土壤提取的数值 – 未熏蒸土壤提取的数值）/25]×100%

K_P——熏蒸杀死的微生物中的全磷被 $NaHCO_3$ 所提取的比例，常取值为 0.4。

1.7.5　仪器图片

实验用到的仪器如图 1–5 所示。

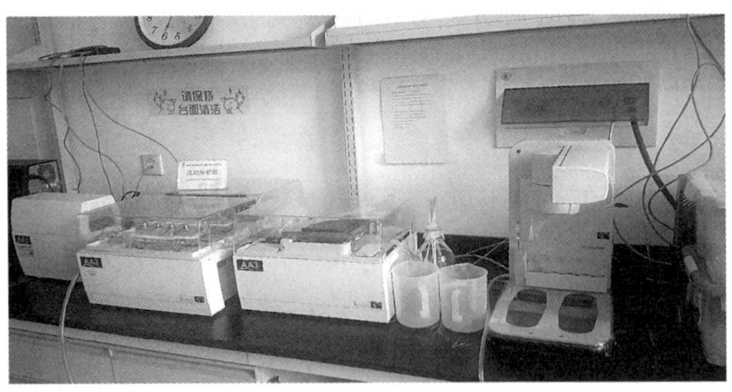

图 1–5　流动分析仪

1.8　土壤微生物量全磷的测定方法

1.8.1　方法要点

土壤经氯仿熏蒸处理，微生物被杀死，细胞破裂后，细胞内容物释放到土壤中的可提取全磷大幅增加。通过测定浸提液中全磷的含量可以计算土壤微生物生物量全磷。

浸提液中全磷可用硫酸－高氯酸消煮，钼锑抗比色法测定，也可以用流动分析仪测定。此处介绍比较复杂的硫酸－高氯酸消煮，钼锑抗比色法测定方法。

1.8.2　主要仪器

分光光度计；消煮管；漏斗；消煮炉（凯氏定氮仪上配置的消煮炉）；10 mL 瓶口分液器；5 mL 液枪；50 mL 容量瓶等。

1.8.3　试剂

（1）浓硫酸（密度 1.84 g/mL，分析纯）。

（2）高氯酸（$HClO_4$，60%～70% 分析纯）

（3）4 mol/L 氢氧化钠溶液：160 g 氢氧化钠溶于水，用水定容至 1 L。

（4）0.5 mol/L 硫酸溶液：吸取 28 mL 浓硫酸，缓缓注入水中，并用水定容至 1 L。

（5）2，4－二硝基酚（或 2，6－二硝基酚）指示剂：称取 0.20 g 2，4－二硝基酚溶解于 100 mL 95%乙醇。

（6）钼锑贮存液：

A 溶液：称取 10 g 钼酸铵〔$(NH_4)_6Mo_7O_{24}\cdot 4H_2O$，分析纯〕溶解于 400 mL 水中，缓慢地加入 153 mL 浓硫酸（密度 1.84 g/mL，分析纯）。注：（边加浓硫酸边搅拌）

B 溶液：称取 0.5 g 酒石酸锑钾（分析纯），溶解于 100 mL 水中。

当 A 溶液冷却到室温后，将 B 溶液倒入 A 溶液中，最后用水定容至

1 L。避光贮存。

（7）钼锑抗显色剂：称取 1.50 g 抗坏血酸（分析纯）溶于 100 mL 钼锑贮存液中。此溶液须现用现配。

（8）100 ppm 磷（P）标准溶液：称取 0.4394 g（在 105 ℃烘干 2 ～ 3 h）的磷酸二氢钾（KH_2PO_4，分析纯）加 800 mL 水，加 5 mL 浓硫酸（防腐），用水定容到 1 L，浓度为 100 ppm 磷（P），此溶液可以长期保存。

（9）5 ppm 磷（P）标准溶液：吸取 100 ppm 磷（P）标准溶液 5 mL 于 100 mL 容量瓶中，用水定容。此溶液浓度为，5 ppm 磷（P）标准溶液。此溶液不宜久存，此溶液须现用现配。

（10）0.5 mol/L 碳酸氢钠溶液：称取 42.0 g 碳酸氢钠溶解于 900 mL 水中，以 0.5 mol/L 氢氧化钠溶液调节 pH 至 8.5，再用水稀释至 1 L。（此溶液不易长时间贮存，最好一周之内用完。）

1.8.4 操作步骤

（1）准确吸取 20 mL 待测液于凯氏消煮管中，缓缓加入浓硫酸 3 mL，高氯酸 0.5 mL，摇匀，瓶口加盖漏斗，然后置于消煮炉上消煮，由低温开始升温到 360 ℃。消煮样品同时做 2 个空白（加 20 mL 碳酸氢钠溶液，其他试剂和样品一致。）（继续消煮时必须把消煮炉降温至 200 ℃左右再放下一批样品，如果高温放样品会破坏消煮管）。

（2）消煮：大约 1.5 h 就可以消煮好了。（消煮好的样品应该是无色透明）冷却后的消煮液用水小心的转移到 50 mL 容量瓶中，反复冲洗消煮管，使消煮管内混合物全部洗入容量瓶中，然后用水定容，摇匀，用无磷滤纸过滤。（此溶液在室温，可以保存 2 个月左右。）

（3）测定：吸取上述待测液 5 ～ 20 mL，置于 50 mL 容量瓶中，加水 10 ～ 15 mL，加 1 滴 2，4- 二硝基酚指示剂，用 4 mol/L 氢氧化钠溶液调溶液至黄色，然后用 0.5 mol/L 硫酸溶液调节至溶液刚呈淡黄色，加入 5 mL 钼锑抗显色剂，用水定容，摇匀。 30 min 后在分光光度计上，用 1 cm 比色皿，选 700 nm 波长比色。同时做试剂空白试验。注：溶液颜色在 8 h 内可保持稳定。

（4）工作曲线的绘制：分别吸取 5 ppm 磷（P）标准溶液 0 mL、1 mL、2 mL、3 mL、5 mL、6 mL 于 50 mL 容量瓶中，加水到 10 ～ 15 mL，加 1

滴 2，4- 二硝基酚指示剂，用 4 mol/L 氢氧化钠溶液调溶液至黄色，然后用 0.5 mol/L 硫酸溶液调节至溶液刚呈淡黄色，加入 5 mL 钼锑抗显色剂，用水定容，摇匀。30 min 后在分光光度计上，用 1 cm 比色皿，选 700 nm 波长比色。（溶液颜色在 8 h 内可保持稳定）获得 0 ppm、0.1 ppm、0.2 ppm、0.3 ppm、0.4 ppm、0.5 ppm、0.6 ppm 磷（P）标准系列显色液。用 0 ppm 磷（P）标准系列显色液作参比，调吸收值到零，由低浓度到高浓度测定标准系列显色液的吸收值。在分光光度计上就可看绘制的工作曲线 。（注：先做工作曲线 ，再测定样品。）

1.8.5　结果计算

1. 全磷 mg/kg 的计算

$$全磷\ \mathrm{P(mg/kg)}=(C-C_0)\times V\times t_s\times f_1\times f_2/m$$

式中：

P——全磷（TP）质量分数，mg/kg；

C——从工作曲线上查得显色液的样品磷 ppm 数；

C_0——从工作曲线上查得显色液的空白磷 ppm 数；

V——显色液体积，50 mL；

t_s——分取倍数，t_s= 消煮浸提液的定容体积 mL/ 吸取待测液的体积 mL；

f_1——稀释倍数，f_1= 浸提液的总体积 mL/ 吸取浸提液的体积 mL；

f_2——稀释倍数，f_2= 消煮浸提液的定容体积 mL/ 吸取浸提液的体积 mL；

m——烘干土样质量，g。

2. 微生物生物量全磷（B_P）的计算

$$\mathrm{(P)}=E_{Pt}/（K_P\times R_{Pi})$$

式中：

(P)——微生物生物量全磷（B_P）质量分数，mg/kg；

E_{Pt}——熏蒸土样所浸提的全磷量与未熏蒸土样所浸提的全磷量之间的差值，mg/kg；

R_{Pi}——[(加 P_i 的土壤提取的数值 – 未熏蒸土壤提取的数值）/25] × 100%

K_P——熏蒸杀死的微生物中的全磷被 $NaHCO_3$ 所提取的比例，常取值为 0.4。

1.8.6 注意事项

（1）要求吸取待测液中含磷 5 ~ 25 ppm，事先可以吸取一定量的待测液，显色后用目测法观察颜色深度，然后估计出应该吸取待测液的毫升数。

（2）钼锑抗法要求显色液中硫酸浓度为 0.23 ~ 0.33 mol/L 。如果酸度小于 0.23 mol/L，虽然显色加快，但稳定时间较短；如果酸度大于 0.33 mol/L，则显色变慢。钼锑抗法要求显色温度为 15 ℃以上，如果室温低于 15 ℃，可放置在 30 ~ 40 ℃的恒温箱中保持 30 min，取出冷却后比色。

（3）消煮待测液时，必须是一个未熏蒸一个熏蒸的顺序测定，这可以保持未熏蒸和熏蒸的待测液检测过程一致，减少误差。

1.8.7 仪器图片

实验用到的仪器如图 1–6 ~图 1–7 所示。

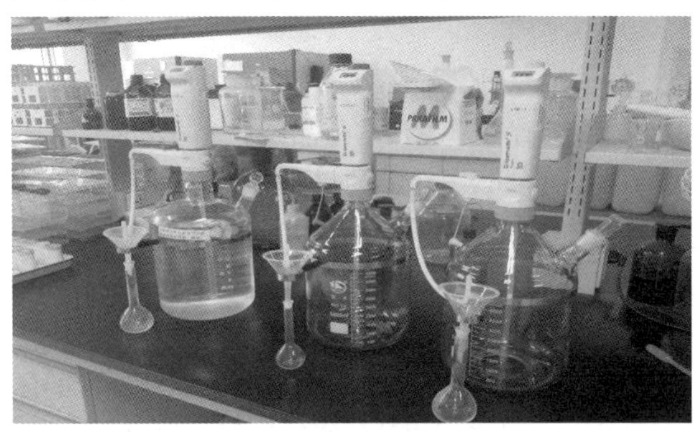

图 1–6 定量式多功能转移冲洗仪

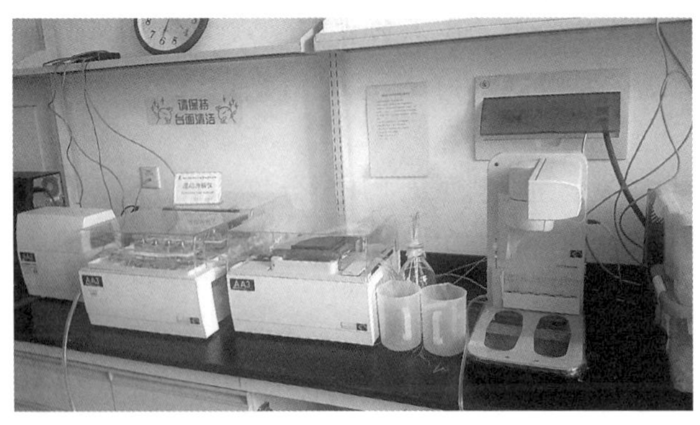

图 1–7 流动分析仪

1.9 土壤微生物量无机磷的浸提方法

1.9.1 方法要点

土壤经氯仿熏蒸处理，微生物被杀死，细胞破裂后，细胞内容物释放到土壤中的可提取无机磷大幅增加。通过测定浸提液中无机的含量可以计算土壤微生物生物量无机磷。

1.9.2 仪器

培养箱；新型真空干燥器；真空泵；回旋振荡机（振荡速率 220 r/min）；冰柜；125 mL 塑料广口瓶。

1.9.3 试剂

（1）0.5 mol/L 碳酸氢钠溶液：称取 42.0 g 碳酸氢钠溶解于 900 mL 水中，以 0.5 mol/L 氢氧化钠溶液调节 pH 至 8.5，再用水稀释至 1 L。（此溶液不宜长时间贮存，最好一周之内用完。）

（2）三氯甲烷去除乙醇：取一个 500 mL 分液漏斗，加入 300 mL 三氯甲烷，加入 100 mL 水，摇匀 1 min，弃去上部的水分，反复 2 ～ 3 次，放出下层三氯甲烷备用。

（3）无磷活性炭。（市面上有售的，直接购买就行。不需要自己处理。）

（4）250 μg/mL 磷（P）标准溶液：称取 1.0984 g(在 105 ℃烘干 2 ～ 3 h）的磷酸二氢钾（KH_2PO_4，分析纯）溶解于 800 mL 水中，用水定容到 1 L。

1.9.4 操作步骤

（1）未熏蒸：称取 5 g 新鲜土壤于 125 mL 广口瓶中，加入一勺无磷活性炭，再加入 100 mL 0.5 mol/L 碳酸氢钠溶液，放在振荡机上以 220 r/min 振荡 30 min(25 ℃) 后，使用无磷滤纸过滤。（微生物量少，可以用土液比 1 ∶ 10 效果最好。）

（2）含水量：称取 20 g 新鲜土壤于铝盒中，放在 105 ℃烘箱中 24 h, 冷却后称重，算出含水量。

（3）熏蒸：称取 5 g 新鲜土壤于 125 mL 广口瓶中，放入真空干燥器中，加入去除乙醇的三氯甲烷，抽真空后，放入 25 ℃培养箱中熏蒸 24 h。培养后去除样品中的三氯甲烷，加入一勺无磷活性炭，再加入 100 mL 0.5 mol/L 碳酸氢钠溶液，放在振荡机上以 220 r/min 振荡 30 min(25 ℃) 后，使用定量滤纸过滤。（微生物量少，可以用土液比 1 ：10 效果最好。）注：详细操作看本书中，新型真空干燥器使用说明书。

（4）加标回收率：称取 5 g 新鲜土壤（3 份）分别于 125 mL 广口瓶中，加入一勺无磷活性炭，加入 0.5 mL 250 μg/mL 磷（P）标准溶液（外加磷的量相当于 25 μg/g 土），加入 100 mL0.5 mol/L 碳酸氢钠溶液，放在振荡机上以 220 r/min 振荡 30 min (25 ℃) 后，使用定量滤纸过滤。（注：主要看土壤吸附了磷的量，用来校正微生物量磷。）

1.9.5 注意事项

（1）操作步骤中的 1、2、3、4 必须使用的是同一个新鲜土壤样品。

（2）振荡机有两种：一是往复振荡机是需要 200 r/min 就可以，二是回旋振荡机是需要 220 r/min 就可以。最好使用能控制温度振荡机。

（3）无磷活性炭是起到脱色作用，如果样品没有脱色完全，可以过滤结束后，再把浸出液倒入 125 mL 广口瓶中，加入一大勺无磷活性炭，摇匀后，再次过滤即可。

（4）待测液：最好在 24 h 内测定，不能及时分析需要冷冻保存。

（5）在新型真空干燥器的最上层放置氯仿时一定要放在中间，千万不要靠近真空表附近，影响真空表的准确读数。

（6）新型真空干燥器使用说明在 P_{31} ～ P_{32}。

1.9.6 仪器图片

实验用到的仪器如图 1-8 所示。

图 1-8 新型真空干燥器一套

1.10 土壤微生物量无机磷的测定

1.10.1 方法要点

磷酸盐和钼酸盐及抗坏血酸在酸性条件下反应生成一种蓝色化合物，并在 660 nm 下检测。酒石酸锑钾作为催化剂。

1.10.2 试剂

1. 钼酸胺

钼酸胺	6.2 g
酒石酸锑钾	0.17 g
十二烷基硫酸钠	2 g
去离子水	1000 mL

溶解 6.2 g 钼酸胺至 700 mL 水中，加入 0.17 g 酒石酸钾锑并稀释至 1 L。混合均匀后加入 2 g 十二烷基磺酸钠。储存于棕色瓶中，每周更新。

2. 酸盐

氯化钠	5 g
硫酸	12 mL

去离子水　　　　　　　　1000 mL

称取 5 g 氯化钠溶于 700 mL 蒸馏水，缓慢加入 12 mL 硫酸盐。溶液混均并稀释至 1 L，可长时间保存。

3. 酸

硫酸　　　　　　　　　　14 mL

十二烷基硫酸钠　　　　　2 g

去离子水　　　　　　　　1000 mL

小心地边搅拌边加入 14 mL 硫酸至 600 mL 水中。冷却至室温后稀释至 1 升。加入 2 g 十二烷基磺酸钠并混合均匀。

4. 抗坏血酸

抗坏血酸　　　　　　　　15 g

去离子水　　　　　　　　1000 mL

15 g 抗坏血酸溶于 600 mL 蒸馏水，稀释至 1000 mL。溶液混均，储存于棕色瓶中，冷藏。每周更新。

1.10.3　标准曲线

100 ppm 磷（P）标准溶液

称取 0.4394 g（在 105 ℃烘干 2 ～ 3 h）的磷酸二氢钾（KH_2PO_4，分析纯）溶解于 800 mL 水中，加 5 mL 浓硫酸（防腐），用水定容到 1 L，浓度为 100 ppm 磷（P），此溶液可以长期保存。

分别吸取 100 ppm 磷（P）标准溶液 0 mL、0.5 mL、1 mL、2 mL、4 mL、6 mL、8 mL、10 mL 于 100 mL 容量瓶中，用水定容，摇匀，获得 0 ppm、0.5 ppm、1 ppm、2 ppm、4 ppm、6 ppm、8 ppm、10 ppm 磷（P）标准系列溶液，选 660 nm 波长比色。

1.10.4　结果计算

1. 无机磷 mg/kg 的计算

$$\text{无机磷 (mg / kg)} = \frac{C \times V}{m}$$

式中：

C——从工作曲线上查得显色液磷的质量浓度，μg/mL；

V——浸提液体积，mL；

m——烘干土样质量，g。

2. 微生物生物量无机磷（B_P）的计算

$$(P)=E_{Pt}/(K_P \times R_{Pi})$$

式中：

(P)——微生物生物量无机磷（B_P）质量分数，mg/kg；

E_{Pt}——熏蒸土样所浸提的无机磷量与未熏蒸土样所浸提的无机磷量之间的差值，mg/kg；

R_{Pi}——[(加 P_i 的土壤提取的 P_i – 未熏蒸土壤提取的 P_i）/25] × 100%

K_P——熏蒸杀死的微生物中的无机磷被 $NaHCO_3$ 所提取的比例，常取值为 0.4。

1.10.5　仪器图片

实验用到的仪器如图 1–9 所示。

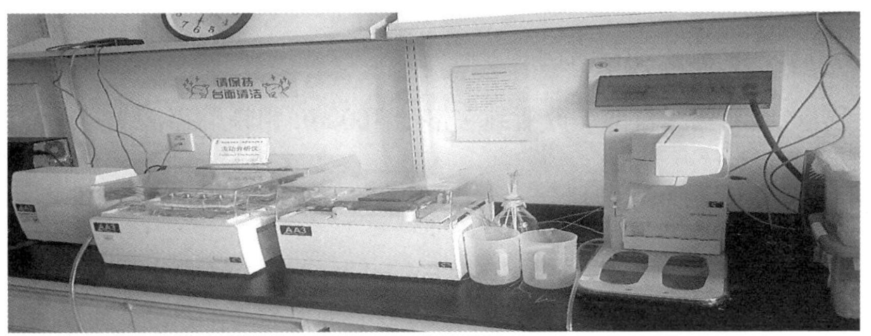

图 1–9　流动分析仪

1.11　土壤微生物量无机磷的测定方法

1.11.1　方法要点

土壤经氯仿熏蒸处理，微生物被杀死，细胞破裂后，细胞内容物释放到土壤中的可提取无机磷大幅增加。通过测定浸提液中无机磷的含量可以计算土壤微生物生物量无机磷。

浸提液中无机磷可用钼锑抗比色法测定，也可以用流动分析仪测定。此处介绍比较复杂的钼锑抗比色法测定方法。

1.11.2 主要仪器

分光光度计；5 mL 液枪；25 mL 容量瓶等。

1.11.3 试剂

1. 钼锑贮存液

A 溶液：称取 10 g 钼酸铵〔$(NH_4)_6Mo_7O_{24}\cdot 4H_2O$, 分析纯〕溶解于 800 mL 水中，缓慢地加入 181 mL 浓硫酸（密度 1.84 g/mL, 分析纯）。注：边加浓硫酸边搅拌。

B 溶液：称取 0.3 g 酒石酸锑钾（分析纯）, 溶解于 100 mL 水中。

当 A 溶液冷却到室温后，将 B 溶液倒入 A 溶液中，最后用水定容至 2 L。避光贮存。

2. 钼锑抗显色剂

称取 0.5 g 抗坏血酸（分析纯）溶于 100 mL 钼锑贮存液中。此溶液须现用现配。

3. 100 ppm 磷（P）标准溶液

称取 0.4394 g（在 105 ℃烘干 2 ～ 3 h）的磷酸二氢钾（KH_2PO_4，分析纯）溶解于 800 mL 水中，加 5 mL 浓硫酸（防腐），用水定容到 1 L，浓度为 100 ppm 磷（P），此溶液可以长期保存。

4. 5 ppm 磷（P）标准溶液

吸取 100 ppm 磷（P）标准溶液，5 mL 于 100 mL 容量瓶中，定容，此溶液浓度为 5 ppm 磷（P）标准溶液，此溶液不宜久存。此溶液须现用现配。

5. 0.5 mol/L 碳酸氢钠溶液

称取 42.0 g 碳酸氢钠溶解于 900 mL 水中，以 0.5 mol/L 氢氧化钠溶液调节 pH 至 8.5，再用水定容至 1 L。（此溶液不易长时间贮存，最好一周之内用完。）

1.11.4 操作步骤

1. 测定

准确吸取 10 mL 待测液于 50 mL 离心管中，缓慢加入 5 mL 钼锑抗显色剂，慢慢摇动，排除 CO_2，再准确加入 10 mL 水，充分摇匀，逐净 CO_2。同时做 2～3 个空白实验（加 10 mL 碳酸氢钠溶液，其他试剂和样品一致）。30 min 后在分光光度计上，用 1 cm 比色皿，选 880 nm 波长比色。（若测定的磷质量浓度超出标准曲线范围，应吸取较少量的待测液，并用 0.5 mol/L 碳酸氢钠溶液补足至 10.00 mL 后重新比色测定。）

2. 工作曲线的绘制

分别吸取 5 ppm 磷（P）标准溶液 0 mL、0.5 mL、1 mL、2 mL、3 mL、4 mL、5 mL 于 25 mL 容量瓶中，加入碳酸氢钠溶液到 10 mL，缓慢加入 5 mL 钼锑抗显色剂，慢慢摇动，（此处一定要边加边摇动容量瓶。）用水定容，摇匀。30 min 后，在分光光度计上，用 1 cm 比色皿，选 880 nm 波长比色。（溶液颜色在 8 h 内可保持稳定）得 0 ppm、0.1 ppm、0.2 ppm、0.4 ppm、0.6 ppm、0.8 ppm、1.0 ppm 磷（P）标准系列显色液。用 0 ppm 磷（P）标准系列显色液作参比，调吸收值到零，由低浓度到高浓度测定标准系列显色液的吸收值。在分光光度计上就可看绘制的工作曲线。（注：先做工作曲线，再测定样品。）注：溶液颜色在 8 h 内可保持稳定。

1.11.5 结果计算

$$无机磷\ P(mg/kg)=(C-C_0)\times V\times t_s/m$$

式中：

P——无机磷（P）质量分数，mg/kg；

C——从工作曲线上查得显色液的样品磷 ppm 数；

C_0——从工作曲线上查得显色液的空白磷 ppm 数；

V——显色液体积，25 mL；

t_s——分取倍数，t_s= 浸提液的体积 mL/ 吸取待测液的体积 mL；

m——烘干土样质量，g。

微生物生物量无机磷（B_P）的计算：

$$(P)=E_{Pt}/(K_P\times R_{Pi})$$

式中：

(P)——微生物生物量无机磷（B_P）质量分数，mg/kg；

E_{Pt}——熏蒸土样所浸提的无机磷量与未熏蒸土样所浸提的无机磷量之间的差值，mg/kg；

R_{Pi}——[(加 P_i 的土壤提取的数值 – 未熏蒸土壤提取的数值）/25] × 100%

K_P——熏蒸杀死的微生物中的无机磷被 $NaHCO_3$ 所提取的比例，常取值为 0.4。

1.11.6 注意事项

（1）要求吸取待测液中含磷 5 ~ 25 ppm，事先可以吸取一定量的待测液，显色后用目测法观察颜色深度，然后估计出应该吸取待测液的毫升数。

（2）钼锑抗法要求显色液中硫酸浓度为 0.23 ~ 0.33 mol/L 。如果酸度小于 0.23 mol/L，虽然显色加快，但稳定时间较短；如果酸度大于 0.33 mol/L，则显色变慢。钼锑抗法要求显色温度为 15 ℃以上，如果室温低于 15 ℃，可放置在 30 ~ 40 ℃的恒温箱中保持 30 min, 取出冷却后比色。

（3）消煮待测液时，必须是一个未熏蒸一个熏蒸的顺序测定，这可以保持未熏蒸和熏蒸的待测液检测过程一致，减少误差。

1.11.7 仪器图片

实验用到的仪器如图 1–10 所示。

图 1–10　定量式多功能转移冲洗器

1.12 新型真空干燥器使用说明书

(新型真空干燥器适用于做微生物量：碳、氮、磷的熏蒸。)

安全警示：必须使用厂家提供的真空泵，这样才能保证安全。

1.12.1 使用说明

（1）把阀门打开。

（2）把真空干燥器上盖中间黑色旋钮往松的方向拧紧（但不要过紧）。（这时一只手拧旋钮，一只手扶着中间的金属横梁在正确位置。）

（3）双手抓住真空干燥器上盖中间的金属横梁，向上抬起，旋转方向，打开干燥器的上盖。

（4）把样品和三氯甲烷（每一层放入一个烧杯内盛有 50 mL 三氯甲烷及防沸石，一共放入 150 mL 三氯甲烷即可）放入新型真空干燥器中，再加入一个烧杯内盛有 50 mL1 mol/L 氢氧化钠溶液，放入真空干燥器里镂空搁板上（需要 3 层镂空搁板时，最矮的放在上面。其他 2 个一样高的放底下），放完样品和三氯甲烷以及氢氧化钠溶液后。双手抓住真空干燥器上盖中间的金属横梁，向上抬起，（这时不要让密封圈和真空干燥器沿有接触。）旋转方向，放在安全卡槽内。（这时才要让密封圈和真空干燥器沿有接触。）把真空干燥器上盖中间黑色旋钮往紧的方向拧紧。（这时一只手拧旋钮，一只手扶着中间的金属横梁在正确位置。）这时用真空泵连接好真空干燥器后，打开真空泵开关开始抽气真空表到 –0.085 MPa 为止，一般抽气 3 ～ 15 min 就完成，根据真空泵新旧程度决定的。关闭阀门，关闭真空泵开关。断开连接，把真空干燥器放入 25 ℃培养箱中保持 24 h。（24 h 后真空表到 –0.05 MPa 以上是正常的。）

（5）打开阀门放气后，把真空干燥器上盖中间黑色旋钮往松的方向拧紧（但不要过紧）。（这时一只手拧旋钮，一只手扶着中间的金属横梁在正确位置。）双手抓住真空干燥器上盖中间的金属横梁，向上抬起，旋转方向，打开干燥器的上盖，取出剩余三氯甲烷和氢氧化钠溶液后，擦净干燥器底部，盖上干燥器上盖，用真空泵进行反复抽气，直到土壤闻不到三氯甲烷气味为止。（也可以把样品放在通风橱里 2 h 左右，以代替抽气法去除三氯甲烷，后在进行下一步实验。）

1.12.2 注意事项

（1）真空干燥器是铝制品，不要让它接触到强酸、强碱，以免损坏。

（2）使用完成后，要清理真空干燥器内部，以保持干燥。

（3）再次使用时最好先抽气试验 2 h。（气压在 –0.05 MPa，变化不大方可使用。以免出现试验失败。）

（4）样品少时也要放入 150 mL 三氯甲烷，三氯甲烷的量与真空干燥器体积有关。与样品数量无关。

（5）新的真空泵抽气到气压在 –0.06 MPa 以上的时候，出现油烟是正常现象。真空泵用时间长了，这个现象就会消失了。

（6）注意盖实上盖后切勿转动上盖，以免密封圈发生变形，影响熏蒸效果。

（7）三氯甲烷必须要经过方法上的处理过再用。如果不去除乙醇，碳的结果会偏高，因为乙醇中含有碳。加三氯甲烷的烧杯一定要烘干再用。

1.12.3 仪器图片

实验用到的仪器图片如图 1–11 所示。

图 1–11 新型真空干燥器

1.13　土壤微生物呼吸的测定方法

1.13.1　方法要点

利用一定浓度的 NaOH 溶液吸收土壤呼吸所释放出的 CO_2，然后用标准 HCl 溶液滴定剩余的 NaOH 量，根据 NaOH 溶液的消耗量，计算出 CO_2 的释放量。

1.13.2　主要仪器

连体呼吸瓶；50 mL 三角瓶；25 mL 酸式滴管等。

1.13.3　试剂

（1）0.25 mol/L 氢氧化钠溶液：称取 10 g 氢氧化钠溶于无 CO_2 去离子水中，用水定容至 1 L。

（2）0.05 mol/L 盐酸溶液：吸取 4.2 mL 浓盐酸，缓缓注入水中，并用水定容至 1 L。（用硼砂标定其浓度。操作步骤参考土壤微生物量氮的测定对酸的标定。）

（3）0.0200 mol/L 1/2 $Na_2B_4O_7$（硼砂）标准溶液：称取 1.9068 g 硼砂（$Na_2B_4O_7 \cdot 10H_2O$，需使用实验室干燥器中平衡好的），溶于水中，移入 500 mL 容量瓶中，用水定容。

（4）酚酞乙醇指示剂：称取 1 g 酚酞溶于 100 mL 乙醇（95%）中。

（5）1 mol/L 氯化钡溶液：称取 244 g 氯化钡溶于无 CO_2 去离子水中，定容至 1 L。

1.13.4　操作步骤

（1）测量含水量：称取 20 g 新鲜土壤于铝盒中，放在 105 ℃烘箱中 24 h，冷却后称重，算出含水量。

（2）称取 25 g 新鲜土壤于连体呼吸瓶中的大瓶里，并将土壤均匀地平铺于瓶底部，（根据土壤含水量调节土壤至田间持水量的 40% ～ 60%，因土壤而异。）拧紧盖子。

（3）加入 0.25 mol/L 氢氧化钠溶液 5 mL 于连体呼吸瓶中的小瓶里，拧紧盖子。(同时做 2 ～ 3 个空白实验，不加土样其他试剂和样品一致。)

（4）密封后的连体呼吸瓶置于培养箱 25 ℃中恒温培养 4 d。(培养天数一般 4 ～ 7 d 不等，根据自己的试验要求做。)

（5）培养结束后，取出连体呼吸瓶，拧开小瓶盖子，吸取 2 mL 氢氧化钠溶液于 50 mL 三角瓶中，加入 2 mL 1 mol/L 氯化钡溶液，加入酚酞乙醇指示剂 2 滴，用标准 0.05 mol/L 盐酸溶液滴定至红色消失，记录滴定用标准 0.05 mol/L 盐酸溶液的量确定消耗的 NaOH，来计算微生物呼吸释放 CO_2 量。

1.13.5 结果计算

$$CO_2(\text{mL/kg})=\{[(V_O-V)\times C\times 0.022\times(22.4/44)\times 1000]\times t_s\times 1000\}/m$$

式中：

V_O——滴定空白用盐酸标准溶液的 mL 数；

V——滴定样品用盐酸标准溶液的 mL 数；

C——盐酸标准溶液的浓度 ,mol/L ；

t_s——分取倍数；

0.022—— 二氧化碳（1/2 CO_2）的摩尔质量，M（1/2 CO_2)=0.022 g/mmol ；

22.4×1000/44——标准状态下每克 CO_2 的毫升数；

m——烘干土样品的质量，g。

1.13.6 注意事项

（1）培养前，试验用的连体呼吸瓶要经过认真挑选，确保连体呼吸瓶密封完好。

（2）粘粒含量高的土壤（如第四纪红粘土），培养时调节水分一般不要超过该土壤最大持水量的 40%。水分太高，CO_2 释放受阻，从而导致土壤呼吸强度减弱。

1.13.7 仪器图片

实验用到的仪器如图 1-12 所示。

图 1-12 连体呼吸瓶

1.14 PLFA 测定操作规程

1.14.1 方法要点

在微生物体内，磷脂脂肪酸是细胞结构的稳定组成成分，因此可以通过分析脂肪酸的种类及组成比例来鉴别土壤微生物的种类。对于土壤微生物群落结构测试来说，一般首先用氯仿－甲醇－磷酸缓冲液（体积比 1 ∶ 2 ∶ 0.8）提取冷冻干燥土壤样品或新鲜土壤土样（去除植物根系）中的脂类，用柱层析分离得到磷脂脂肪酸，然后经甲酯化后用气相色谱分析各种脂肪酸（C9–C20）的含量。实验数据经统计分析，可以判断出土壤微生物的群落结构多样性。目前，人们通常结合 MIDI 软件数据库，便于对各种脂肪酸进行识别和鉴定。

1.14.2 仪器设备

气相色谱；MIDI 软件数据库；氮吹仪；固相萃取装置；通风橱；离心机；水浴锅；高纯氮气；SPE 硅胶柱（6 mL）；振动机。

1.14.3 试剂

（1）0.05 mol/L 磷酸缓冲液：称取 57.06 g 磷酸氢二钾（$K_2HPO_4 \cdot 3H_2O$）溶解于 4 L 水中，再加入 15 mL 三氯甲烷（$CHCL_3$），然后用水定容至 5 L。

（2）提取液 [v(CH_3OH)∶ v($CHCL_3$)∶ v(磷酸缓冲液)= 2 ∶ 1 ∶ 0.8]：量取 2 L 甲醇（CH_3OH），加入 1 L 三氯甲烷（$CHCL_3$），再加入 800 mL

0.05 mol/L 磷酸缓冲液，混合后摇匀。（在通风橱中配制）

（3）甲醇甲苯混合液 [v（甲醇）：v（甲苯）=1 ：1]：取 100 mL 甲醇和 100 mL 甲苯混合后摇匀。

（4）甲基化醋酸 [$c(CH_3COOH)$ =1 mol/L]：4.60 mL CH_3COOH 加入 80 mL 超纯水，摇匀。

单个样品试剂用量如表 1–1 所示。

表 1–1 单个样品试剂用量表　　单位：mL

样品数量	磷酸缓冲液	提取剂	1 ：1 甲醇：甲苯	0.2 mol/L 氢氧化钾	醋酸	甲醇	三氯甲烷	丙酮	己烷	纯水
1	12	46	1	1	0.3	17	25	10	4	2
40	500	2000	50	50	15	800	1000	500	200	100
100	1200	5000	120	120	35	2000	2500	1200	500	250

（5）甲基化氢氧化钾 [$c(KOH)$ =0.2 mol/L]：28.05 g KOH 溶解于 1000 mL 超纯水中为 0.5 mol/L KOH 溶液，再吸取 10 mL 0.5 mol/L KOH 溶液加入 15 mL CH_3OH 此溶液为 0.2 mol/L KOH 溶液。（0.2 mol/L KOH 溶液，现用现配。）

1.14.4 PLFA 提取操作流程

实验前准备工作

（1）土壤过 2 mm 筛，用镊子捡出根、凋落物碎屑及小石块；

（2）称取 20 g 左右土壤样品置于铝盒中，称盒 + 鲜土重

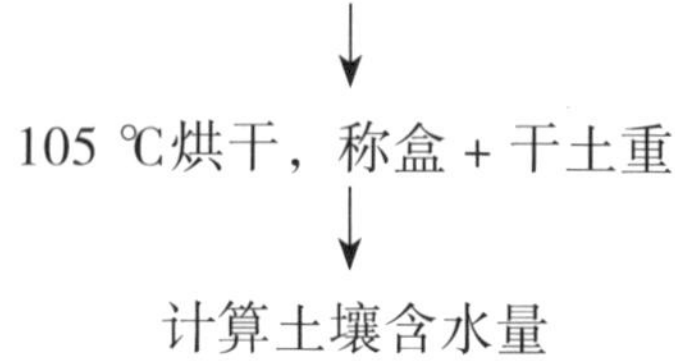

（3）配制试剂，准备实验用品。

注意：所有玻璃器皿（试管、小瓶及瓶盖等）在实验前均须用正己烷清洗，晾干。

实验操作时必须戴丙腈橡胶手套。

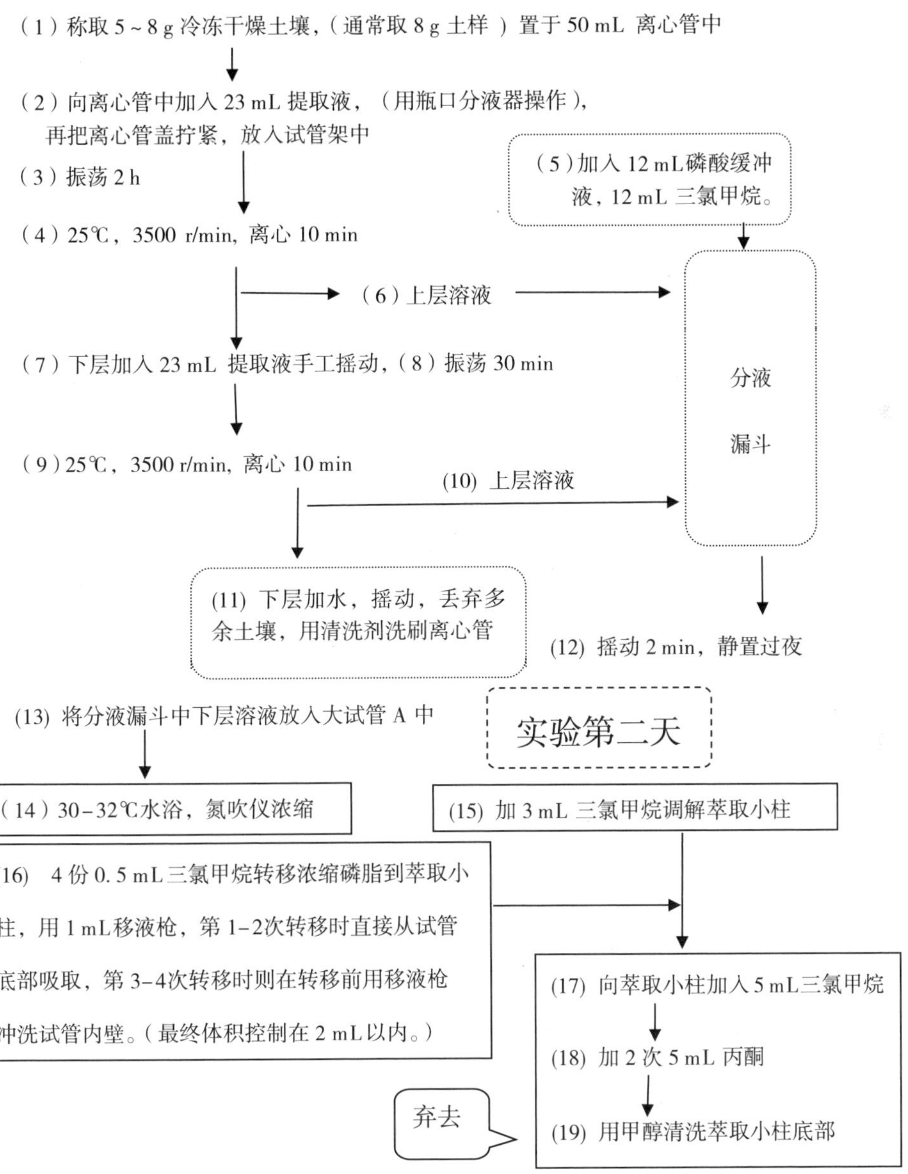
实验第一天
（1）称取 5 ~ 8 g 冷冻干燥土壤，（通常取 8 g 土样 ）置于 50 mL 离心管中
（2）向离心管中加入 23 mL 提取液，（用瓶口分液器操作），
再把离心管盖拧紧，放入试管架中
（3）振荡 2 h
（4）25℃，3500 r/min，离心 10 min
（5）加入 12 mL磷酸缓冲液，12 mL 三氯甲烷。
（6）上层溶液
（7）下层加入 23 mL 提取液手工摇动，（8）振荡 30 min
分液
漏斗
（9）25℃，3500 r/min，离心 10 min
(10) 上层溶液
(11) 下层加水，摇动，丢弃多余土壤，用清洗剂洗刷离心管
(12) 摇动 2 min，静置过夜
(13) 将分液漏斗中下层溶液放入大试管 A 中
实验第二天
（14）30–32℃水浴，氮吹仪浓缩
(15) 加 3 mL 三氯甲烷调解萃取小柱
(16) 4 份 0. 5 mL 三氯甲烷转移浓缩磷脂到萃取小柱，用 1 mL移液枪，第 1–2次转移时直接从试管底部吸取，第 3–4次转移时则在转移前用移液枪冲洗试管内壁。（最终体积控制在 2 mL以内。）
(17) 向萃取小柱加入 5 mL三氯甲烷
(18) 加 2 次 5 mL 丙酮
(19) 用甲醇清洗萃取小柱底部
弃去

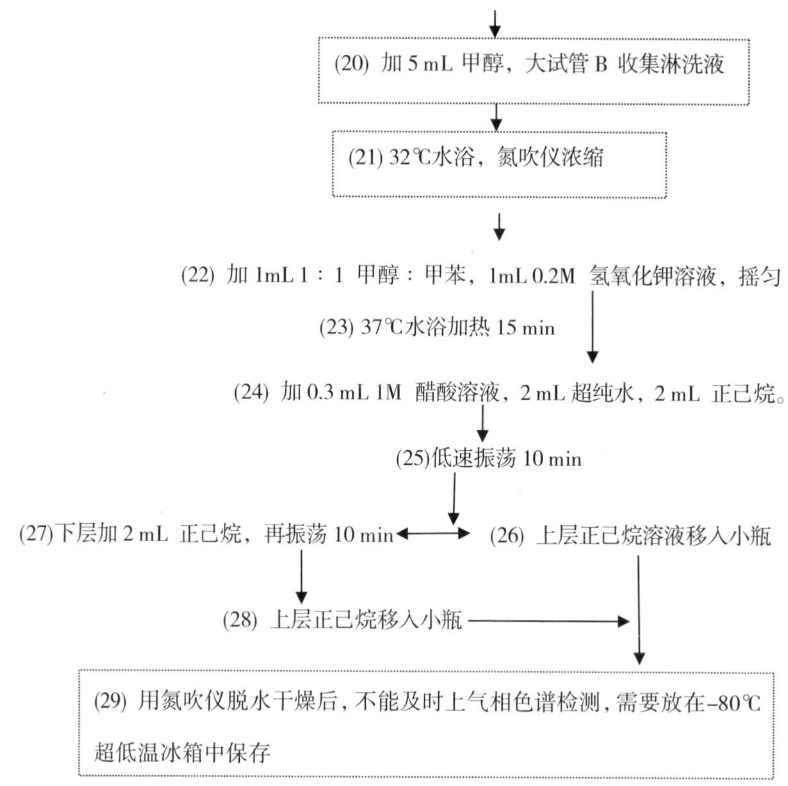

1.14.5 注意事项

（1）由于 MIDI 软件数据库要求用氢气作为载气，在使用气相色谱时应特别注意氢气的安全使用，另外，本试验的有机溶剂大都对人体有害，应定期检查通风柜的通风效率。

（2）PLFA 试验应严格防止有机物污染。同时，由于光、热、水、氧等均易引起磷脂脂肪酸的降解，应避免这些因素的干扰。在试验时必须设置空白和质量控制样品。

（3）由于土壤中的微生物种类繁多，不同土壤磷脂脂肪酸组成的差异只能揭示微生物整体类群的差异。

（4）新鲜土壤样品和冷冻干燥样品的结果有系统差异，同一试验中必须保持一致。

（5）如果需要分析样品中与内标重叠的脂肪酸（如 10 ：0），需另设不加内标的处理。

（6）如果用 ^{13}C 标记底物，即应用 PLFA-SIP 技术，土壤 PLFA 组成可区分土壤固有的和外源底物转化形成的磷脂脂肪酸。

1.14.6 仪器图片

实验用到的仪器如图 1-13 ～图 1-14 所示。

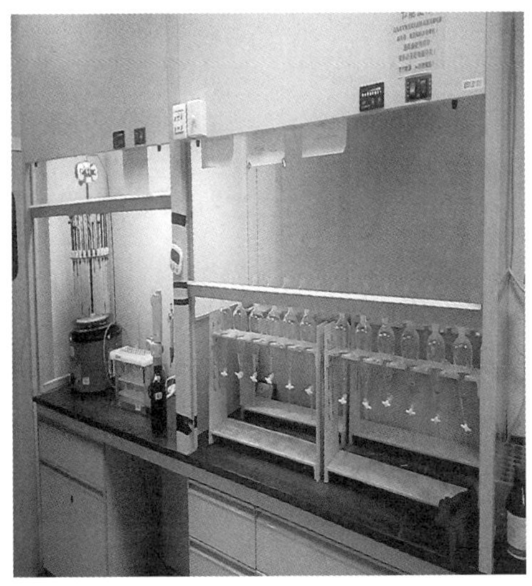

图 1-13　PLFA 前处理设备

图 1-14　气相色谱（带 MIDI 软件）

2
土壤分析测试方法

2.1 土壤样品的处理和贮存

2.1.1 土壤采样

根据 HJ/T 166—2004 进行操作。

2.1.2 方法依据

《土壤分析技术规范（第二版）》

2.1.3 土壤处理和贮存

1. 新鲜样品

某些土壤的成分如二价铁、硝态氮、铵态氮、微生物量等在风干过程中会发生显著变化，必须用新鲜样品进行分析，为了能真实地反映土壤在田间自然状态下的某些理化性状，新鲜样品要及时送回室内进行处理分析，用粗玻璃棒或塑料棒将样品混匀后迅速称样测定。

新鲜样品一般不宜贮存，如需要贮存，可将新鲜样品装入自封袋中，放在冰柜中进行速冻固定保存。

2. 风干样品

从野外采回的土壤样品要及时放在样品盘上，摊成薄薄的一层，置于干净整洁的室内通风处自然风干，严禁曝晒，并注意防止酸、碱等气体及灰尘的污染。风干过程中要经常翻动土样并将大土块捏碎以加速干燥，同时剔除土壤以外的侵入体。

风干后土样按照不同的分析要求研磨过筛，充分混匀后，装入样品瓶中备用。瓶内外各标签一张，写明编号、采样地点、土壤名称、采样深度、样品粒径、采样日期、采样人及制样时间、制样人等项目。制备好的样品要妥为贮存，避免日晒、高温、潮湿和酸碱等气体的污染。全部分析工作结束，分析数据核实无误后，试样一般还要保存三个月至半年，以备查询。少数有价值需要长期保存的样品，须保存于玻璃广口瓶中，用蜡封好瓶口。

（1）一般化学分析试样。将风干后的样品平铺在制样板上，用木棍或塑料棍碾压，并将植物残体、石块等侵入体和新生体剔除干净，细小已断的植物须根，可采静电吸附的方法清除。压碎的土壤要全部通过 2 mm 孔径筛为止。未过筛的土粒必须重新碾压过筛，直至全部样品通过 2 mm 孔径筛为止。过 2 mm 孔径筛的土样可供 pH、盐分、交换性能及有效养分项目的测定。

将通过 2 mm 孔径筛的土壤用四分法取出一部分继续研磨，使之全部通过 0.25 孔径筛，供有机质、腐殖质组成、全氮、碳酸钙等项目的测定。将通过 0.25 mm 孔径筛的土壤用四分法取出一部分继续玛瑙研钵磨细，使之全部通过 0.149 mm 孔径筛，供矿物质成分、全量分析等项目测定。

（2） 微量元素分析试样。用于微量元素分析的土样，其处理方法同一般化学分析样品，在采样、风干、研磨、过筛、运输、贮存等诸环节都要特别注意，不要接触能造成污染的金属器具。如采样、制样使用不锈钢、木、竹或塑料工具，过筛使用尼龙网筛等。通过 2 mm 孔径尼龙筛的样品可用于测定土壤有效态微量元素。将通过 2 mm 孔径筛的土壤用四分法或多点取样法取出一部分继续用玛瑙研钵磨细，使之全部通过 0.149 mm 孔径尼龙筛，供土壤全量微量元素测定。处理好的样品应放在塑料瓶中保存备用。

（3） 颗粒分析试样。将风干土样反复碾碎，使之全部通过 2 mm 孔径筛。留在筛上的碎石称量后保存，同时将过筛的土壤称量，以计算石砾质量百分数，然后将土样混匀后盛于广口瓶内，用于颗粒分析及其他物理性质测定。若在土壤中有铁锰结核、石灰结核、铁子或半风化体，不能用木棍碾碎，应细心拣出称量保存。

2.1.4 特别提示

以下测试项目用土样量较大所以取样和研磨时要特别注意：

（1）土壤颗粒组成的测定：50 g/ 个（通过 2 mm 孔径筛）

（2）土壤 pH 的测定：10 g/ 个（通过 2 mm 孔径筛）

（3）土壤速效钾：5 g/ 个（通过 2 mm 孔径筛）

（4）土壤和沉积物、无机元素的测定——波长色散 X 射线荧光光谱法：3 ～ 4 g/ 个（通过 0.149 mm 孔径筛）

2.2 土壤中无机元素的测定

2.2.1 方法依据

HJ/T 166—2004 土壤环境监测技术规范（高压密闭分解法）

2.2.2 方法要点

土壤经氢氟酸—高氯酸—硝酸消煮，除土壤中的砷、镉容易挥发外，其他元素都进入溶液中，用 ICP 发射光谱仪进行定量分析。

2.2.3 主要仪器

（1）20 mL 高压罐、高压罐消解仪或烘箱；
（2）电感耦合等离子发射光谱仪（ICP-OES）；
（3）高压罐赶酸石墨消解仪或电热板等。

2.2.4 试剂

（1）高氯酸（$HClO_4$，$\rho \approx 1.60\ g \cdot cm^{-3}$ 优级纯）
（2）硝酸（HNO_3，$\rho \approx 1.42\ g \cdot cm^{-3}$ 优级纯）
（3）氢氟酸 [w（HF）≈ 40 %，分析纯]
（4）稀硝酸溶液（1+4）：1 mL 硝酸 +4 mL 水中混合。

2.2.5 操作步骤

称取 0.0500 g 左右 (精确到 0.0001 g ）通过（100 目筛子）的风干土样于 20 mL 聚四氟乙烯高压罐中，加入少许水润湿土样，依次加入 3 mL 硝酸，1 mL 氢氟酸，1 mL 高氯酸，摇匀后，盖上盖，放置 2 ～ 4 h,（最好放置过夜）再将高压罐放入不锈钢套筒中，拧紧。放在 180 ℃的高压罐消解仪中消解 2 h 后，关闭高压罐消解仪。冷却至室温后，取出聚四氟乙烯高压罐，打开盖，置于 240 ℃石墨消解仪上赶酸，消解至冒白烟后，再消解至里面的液体不流动为止。（整个赶酸过程需要 2 h 左右）再用 5 mL 1+4 稀硝酸溶液冲洗内壁，加热溶解残渣，冷却后，准确加入 10 mL 去离子水，倒入 15 mL 离心管中称重，摇匀。（只要液体质量）同样的方法做空白（不加土样，其他试剂和样品一致）。注：待测液放置时间过长，上机前摇匀，放置 12 h 后，再上机测定。

2.2.6 结果计算

$$土壤中无机元素W(\mathrm{mg/kg})=\frac{C\times V\times t_s}{m}$$

式中：

土壤中无机元素 W——土壤中无机元素的质量分数，mg/kg；

C——测定液中元素的质量浓度，μg/mL；

V——测定液体积，mL；

t_s——稀释倍数；

m——烘干土样质量，g。

2.2.7 注意事项

（1）石灰性土壤或有机质高的土壤，加酸时应慢慢加入，先加硝酸、高氯酸，后加氢氟酸，以免样品与溶液激烈作用引起溅失。

（2）最终待测液中不能有氢氟酸存在，会对结果影响很大。酸浓度不得超 5 %（这是 ICP 仪器要求，也会对结果产生影响）。

2.2.8 仪器图片

实验用到的仪器如图 2-1 ～图 2-2 所示。

图 2-1　高压罐消解仪

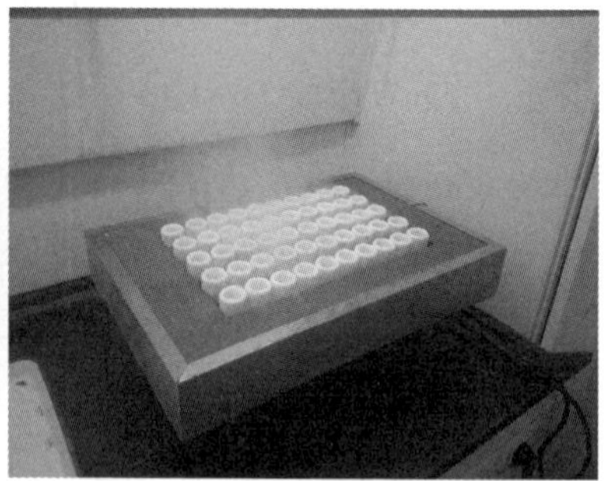

图 2-2　高压罐赶酸石墨消解仪

注：标准曲线的各元素配比如表 2-1 所示。

表 2-1 标准曲线配比表

编号	元素	标准溶液 /（μg/mL）	标准系列溶液 1		标准系列溶液 2		标准系列溶液 3	
			ppm	mL	ppm	mL	ppm	mL
1	钙（Ca）	1000	5	0.5	10	1	30	3
2	镁 (Mg)	1000	2	0.2	5	0.5	10	1
3	磷 (P)	100	2	2	5	5	20	20
4	铁 (Fe)	1000	5	0.5	10	1	30	3
5	锰 (Mn)	100	1	1	2	2	4	4
6	铜（Cu）	100	0.4	0.4	1	1	4	4
7	锌 (Zn)	100	0.4	0.4	1	1	4	4
8	硫 (S)	100	2	2	5	5	10	10
9	钼 (Mo)	100	0.1	0.1	0.5	0.5	2	2
10	硼 (B)	100	0.1	0.1	0.5	0.5	2	2
11	钾 (K)	1000	5	0.5	10	1	30	3
12	钠 (Na)	1000	2	0.2	5	0.5	10	1
13	铅 (Pb)	100	0.1	0.1	0.5	0.5	2	2
14	镍 (Ni)	100	0.1	0.1	0.5	0.5	2	2
15	镉 (Cd)	100	0.1	0.1	0.5	0.5	2	2
16	铬 (Cr)	100	0.1	0.1	0.5	0.5	2	2
17	砷 (AS)	100	0.1	0.1	0.5	0.5	2	2
18	铝（Al）	100	0.5	0.5	1	1	5	5

注：定容于 100 mL 容量瓶。加 5 mL 浓硝酸可保存 3 个月。

特别注意：

（1）硫（S）、磷 (P)：需要单独配制。

（2）钠 (Na)：一定要用塑料容量瓶。

（3）根据自己样品的含量多少，可以增加或减少标准曲线浓度，样品测定浓度尽量控制在标准曲线浓度范围内。

2.3 土壤和沉积物无机元素的测定

2.3.1 方法依据

HJ 780—2015 土壤和沉积物 无机元素的测定——波长色散 X 射线荧光光谱法

2.3.2 方法要点

土壤或沉积物样品经过衬垫压片或铝杯（或塑料杯）压片后，试样中的原子受到适当的高能辐射激发后，放射出该原子所具有的特征 X 射线，其强度大小与试样中该元素的质量分数成正比。通过测量特征 X 射线的强度来定量分析试样中各元素的质量分数。

2.3.3 适用范围

本标准适用于土壤和沉积物中 25 种无机元素和 7 种氧化物的测定，包括砷（As）、钡（Ba）、溴（Br）、铈（Ce）、氯（Cl）、钴（Co）、铬（Cr）、铜（Cu）、镓（Ga）、铪（Hf）、镧（La）、锰（Mn）、镍（Ni）、磷（P）、铅（Pb）、铷（Rb）、硫（S）、钪（Sc）、锶（Sr）、钍（Th）、钛（Ti）、钒（V）、钇（Y）、锌（Zn）、锆（Zr）、二氧化硅（SiO_2）、三氧化二铝（Al_2O_3）、三氧化二铁（Fe_2O_3）、氧化钾（K_2O）、氧化钠（Na_2O）、氧化钙（CaO）、氧化镁（MgO）。

2.3.4 主要仪器

（1）波长色散 X 射线荧光光谱仪；

（2）20 t 或 200 t 压片机；

（3）塑料样品杯。

2.3.5 操作步骤

取 3 ～ 4 g（不需要称重）通过（100 目筛子）的风干土样于塑料杯内，放在压片机上压片，然后直接把压片好试样放在波长色散 X 射线荧光光谱仪上进行测定。

2.3.6 结果计算

此方法仪器上的软件自动计算出最终结果，不需要自己计算。

2.3.7 注意事项

（1）样品中二氧化硅质量分数大于 80.0%，本方法不适用。

（2）硫和氯元素具有不稳定性、极易受污染等特性，分析含硫和氯元素的样品时，制备后的试样应立即测定。

（3）当样品基体明显超出本方法规定的土壤和沉积物校准曲线范围时，或当元素质量分数超出测量范围时，应使用其他国家标准方法进行验证。

2.3.8 仪器图片

实验用到的仪器如图 2-3 ～图 2-4 所示。

图 2-3 200 t 压片机

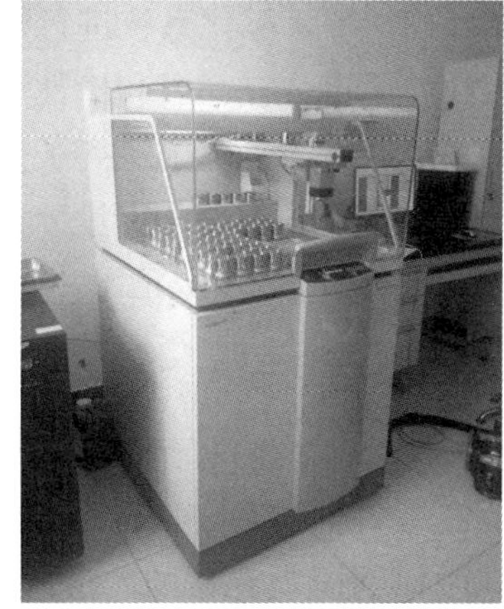

图 2-4 波长色散 X 射线荧光光谱仪

2.4 土壤和沉积物 12 种金属元素的测定

2.4.1 方法依据

HJ 803—2016 土壤和沉积物 12 种金属元素的测定——王水提取—电感耦合等离子体质谱法

2.4.2 方法要点

土壤和沉积物样品用（王水）混合溶液经电热板或微波消解仪消解后，用电感耦合等离子体质谱进行检测。根据元素的质谱图或特征离子进行定性，内标法定量。

试样由载气带入雾化系统进行雾化后，目标元素以气溶胶形式进入等离子体的轴向通道，在高温和惰性气体中被充分蒸发、解离、原子化和电离，转化盛带电荷的正离子经离子采集系统进入质谱仪，质谱仪根据离子的质荷比进行分离并定性、定量分析。在一定浓度范围内，离子的质荷比所对应的响应值与其浓度成正比。

2.4.3 适用范围

本标准适用于土壤和沉积物中镉（Cd）、钴 (Co)、铜（Cu）、铬（Cr）、锰 (Mn)、镍（Ni）、铅（Pb）、锌（Zn）、钒（V）、砷（As）、钼（Mo）、锑（Sb）共 12 种金属元素的测定，若通过验证，本标准也可适用于其他金属元素的测定。

2.4.4 试剂

（1）盐酸（HCl，$\rho \approx 1.19\ g \cdot cm^{-3}$ 优级纯）

（2）硝酸（HNO_3，$\rho \approx 1.42\ g \cdot cm^{-3}$ 优级纯）

（3）盐酸—硝酸溶液（王水）：量取 1 mL 硝酸慢慢倒入 3 mL 盐酸中混合。注：边加边搅拌。

2.4.5 仪器和设备

（1）电感耦合等离子体质谱：能够扫描的质量范围为 5 ～ 250 amu，分辨率在 10% 峰高处的峰宽应介于 0.6 ～ 0.8 amu。

（2）温控电热板：控制精度 ±2 ℃，最高温度可设定至 250 ℃。

（3）微波消解仪：输出功率 1000 ～ 1600 W。具有可编程控制功能，可对温度、压力和时间（升温时间和保持时间）进行全程监控；具有安全防护功能。

（4）分析天平:（精度为 0.0001 g）。

（5）聚四氟乙烯密闭消解罐：可抗压、耐酸、耐腐蚀，具有安全防护功能。

（6）三角瓶：100 mL。

（7）玻璃漏斗。

2.4.6 操作步骤

1. 电热板加热消解

称取 0.1 g 左右 (精确到 0.0001 g）通过尼龙筛（100 目筛子）的风干土样于 100 mL 三角瓶中，加入 6 mL 王水溶液，放上玻璃漏斗，置于电热板上加热，保持王水处于微沸状态 2 h（保持王水蒸汽在瓶壁和玻璃漏斗上回流，但反应不能过于剧烈而导致样品溢出）。消解结束后静止冷却至室温，然后用水全部洗入 50 mL 容量瓶中，定容，摇匀，过滤，供测 12 种金属元素的测定用。同样的方法做 2 ～ 3 个空白（不加土样，其他试剂和样品一致）。

2. 微波消解

称取 0.1000 g 左右 (精确到 0.0001 g）通过尼龙筛（100 目筛子）的风干土样于聚四氟乙烯密闭消解罐中，加入 6 mL 王水溶液，摇匀，拧紧盖子，将消解罐安置于消解罐支架上，放入微波消解仪中，按照表 2-2 提供的微波消解参考程序进行消解，消解结束后冷却至室温。打开密闭消解罐，然后用水全部洗入 50 mL 容量瓶中，定容，摇匀，过滤，供测 12 种金属元素的测定用。同样的方法做 2 ～ 3 个空白（不加土样，其他试剂和样品一致）。

表 2-2 微波消解参考程序

步骤	升温时间 /min	目标温度 /℃	保持时间 /min
1	5	120	2
2	4	150	5
3	5	185	40

3. 标准曲线的绘制

镉（Cd）、钴 (Co)、铜（Cu）、铬（Cr）、锰 (Mn)、镍（Ni）、铅（Pb）、锌（Zn）、钒（V）、砷（As）、钼（Mo）、锑（Sb）以上 12 种金属元素（表 2-3）标液可购买市售有证标准物质。

表 2-3 标准系列溶液浓度

元素	C_0/（μg/L）	C_1/（μg/L）	C_2/（μg/L）	C_3/（μg/L）	C_4/（μg/L）	C_5/（μg/L）
镉	0	0.2	0.4	0.6	0.8	1.0
钴	0	10.0	20.0	40.0	60.0	80
铜	0	25.0	50.0	75.0	100	150
铬	0	25.0	50.0	100	150	200
锰	0	200	400	600	800	1000
镍	0	10.0	20.0	50.0	80.0	100
铅	0	20.0	40.0	60.0	80.0	100
锌	0	20.0	40.0	80.0	160	320
钒	0	20.0	40.0	80.0	160	320
砷	0	10.0	20.0	30.0	40.0	50.0
钼	0	1.0	2.0	3.0	4.0	5.0
锑	0	1.0	2.0	3.0	4.0	5.0

2.4.7 结果计算

（1）土壤样品中个金属元素的含量 ω_1(mg/kg), 按照公式（1）进行计算。

$$\omega_1=\frac{(P-P_0)\times V\times f}{m\times W_{dm}}\times 10^{-3} \tag{1}$$

式中：

ω_1——土壤样品中金属元素的含量，mg/kg；

P——由标准曲线计算所得试样中金属元素的质量浓度，μg/L；

P_0——由标准曲线计算所得空白中金属元素的质量浓度，μg/L；

V——消解后试样的定容体积，mL；

f——试样的稀释倍数；

m——风干土样质量，g；

W_{dm}——土壤样品干物质的含量，%。

（2）沉积物样品中个金属元素的含量 ω_2（mg/kg), 按照公式（2）进行计算。

$$\omega_2=\frac{(P-P_0)\times V\times f}{m\times (1-W_{H_2O})}\times 10^{-3} \tag{2}$$

式中：

ω_2——沉积物样品中金属元素的含量，mg/kg；

P——由标准曲线计算所得试样中金属元素的质量浓度，μg/L；

P_0——由标准曲线计算所得空白中金属元素的质量浓度，μg/L；

V——消解后试样的定容体积，mL；

f——试样的稀释倍数；

m——风干土样质量，g；

W_{H_2O}——沉积物样品含水率，%。

结果表示：测定结果小数位数的保留与方法检出限一致，最多保留三位有效数字。

2.4.8 注意事项

（1）实验所用的玻璃器皿须使用 5% 硝酸溶液浸泡 24 h，依次用自来水和实验室用洗净后方可使用。

（2）为保证仪器的稳定性和实验的准确性，应参照仪器使用说明书，定期或测定一定数量样品后对仪器的雾化器、炬管、采样锥和截取锥进行清洗。

（3）使用微波消解样品时，注意消解罐使用的温度和压力限制，消解前后检查消解罐密封性。检查方法为：当消解罐加入样品和消解液后，盖紧消解罐并称量（精确到 0.01 g），样品消解完待消解罐冷却至室温后，再次称量，记录每个罐的重量。如果消解后的重量比消解前的重量减少超过 10%，舍去该样品，并查找原因。

（4）消解后，一定要冷却到室温在打开消解罐。（为了快速降温也可以把消解罐放在冷水里降温后，再打开。）

2.4.9 仪器图片

实验用到的仪器如图 2–5 ～图 2–6 所示。

图 2–5 微波消解仪

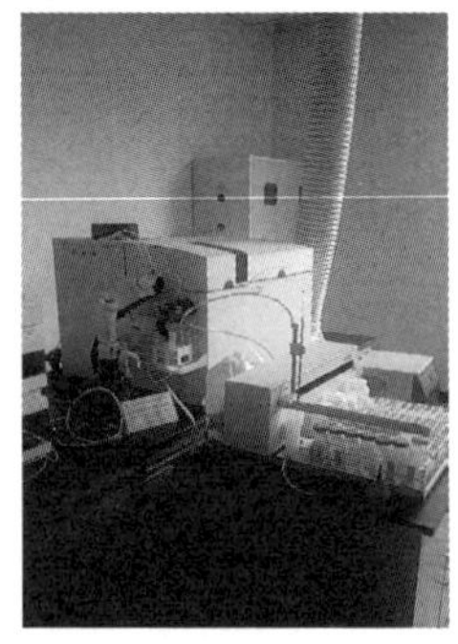

图 2–6 电感耦合等离子体质谱（ICP–MS）

2.5 土壤和沉积物 汞、砷、硒、铋、锑的测定

2.5.1 方法依据

HJ 680—2013 土壤和沉积物 汞、砷、硒、铋、锑的测定——微波消解 / 原子荧光法

2.5.2　方法要点

样品经微波消解后试液进入原子荧光光度计，在硼氢化钾溶液还原作用下，生成砷化氢、铋化氢、锑化氢和硒化氢气体，汞被还原成原子态。在氩氢火焰中形成基态原子，在元素灯（汞、砷、硒、铋、锑）发射的激发下产生原子荧光，原子荧光强度与试液中元素含量成正比。

2.5.3　适用范围

本标准适用于土壤和沉积物 汞、砷、硒、铋、锑的测定。

当取样品量为 0.5 g 时，本方法测定汞的检出限为 0.002 mg/kg, 测定下限为 0.008 mg/kg；测定砷、硒、铋和锑的检出限为 0.01 mg/kg，测定下限为 0.04 mg/kg。

2.5.4　试剂

除非另有说明，分析时均使用符合国家标准的优级纯试剂，实验用水为新制备的去离子水。

（1）盐酸（HCl，$\rho \approx 1.19\ g \cdot cm^{-3}$ 优级纯）。

（2）硝酸（HNO_3，$\rho \approx 1.42\ g \cdot cm^{-3}$ 优级纯）。

（3）氢氧化钾（KOH）。

（4）硼氢化钾（KBH_4）。

（5）盐酸溶液（5+95）：移取 25 mL 盐酸于 500 mL 容量瓶中，用水稀释至刻度线。

（6）盐酸溶液（1+1）：移取 500 mL 盐酸于 1 L 容量瓶中，用水稀释至刻度线。

（7）硫脲（CH_4N_2S）：分析纯。

（8）抗坏血酸（$C_6H_8O_6$）：分析纯。

（9）还原剂：

①硼氢化钾溶液（10 g/L）A:

称取 0.5 g 氢氧化钾放入盛有 100 mL 水的烧杯中，用玻璃棒搅拌至完全溶解后，再加入 1.0 g 硼氢化钾，搅拌溶解。此溶液当日配制，用于测定汞。

②硼氢化钾溶液（20 g/L）B:

称取 0.5 g 氢氧化钾放入盛有 100 mL 水的烧杯中，用玻璃棒搅拌至完全溶解后，再加入 2.0 g 硼氢化钾，搅拌溶解。此溶液当日配制，用于测定砷、硒、铋、锑。

注：也可以用氢氧化钠、硼氢化钠配置硼氢化钠溶液。

（10）硫脲和抗坏血酸混合溶液：

称取硫脲、抗坏血酸各 10 g，用 100 mL 水溶解，混匀，使用当日配制。

（11）汞标准固定液（简称固定液）：

称取 0.5 g 重铬酸钾溶于 950 mL 水中，再加入 50 mL 硝酸，混匀。

（12）汞（Hg）标准溶液（100.0 mg/L）：购买市售有证标准物质。

①汞标准中间液（1.00 mg/L）：移取 5.00 mL 100.0 mg/L 汞标准溶液于 500 mL 容量瓶中，用固定液定容至标线，混匀。

②汞标准使用液（10.0 μg/L）：移取 5.00 mL 1.00 mg/L 汞标准中间液于 500 mL 容量瓶中，用固定液定容至标线，混匀。用时现配。

（13）砷（As）标准溶液（100.0 mg/L）：购买市售有证标准物质。

①砷标准中间液（1.00 mg/L）：移取 5.00 mL 100.0 mg/L 砷标准溶液于 500 mL 容量瓶中，加入 100 mL 1+1 盐酸溶液，用水定容至标线，混匀。

②砷标准使用液（100.0 μg/L）：移取 10.00 mL 1.00 mg/L 砷标准中间液于 100 mL 容量瓶中，加入 20 mL 1+1 盐酸溶液，用水定容至标线，混匀。用时现配。

（14） 硒（Se）标准溶液（100.0 mg/L）：购买市售有证标准物质。

①砷标准中间液（1.00 mg/L）：移取 5.00 mL 100.0 mg/L 硒标准溶液于 500 mL 容量瓶中，用水定容至标线，混匀。

②硒标准使用液（100.0 μg/L）：移取 10.00 mL 1.00 mg/L 硒标准中间液于 100 mL 容量瓶中，用水定容至标线，混匀。用时现配。

（15） 铋（Bl）标准溶液（100.0 mg/L）：购买市售有证标准物质。

①铋标准中间液（1.00 mg/L）：移取 5.00 mL 100.0 mg/L 铋标准溶液于 500 mL 容量瓶中，加入 100 mL 1+1 盐酸溶液，用水定容至标线，混匀。

②铋标准使用液（100.0 μg/L）：移取 10.00 mL 1.00 mg/L 铋标准中间液于 100 mL 容量瓶中，加入 20 mL 1+1 盐酸溶液，用水定容至标线，混匀。用时现配。

（16）锑（Sb）标准溶液（100.0 mg/L）：购买市售有证标准物质。

①锑标准中间液（1.00 mg/L）：移取 5.00 mL 100.0 mg/L 锑标准溶液于 500 mL 容量瓶中，加入 100 mL 1+1 盐酸溶液，用水定容至标线，混匀。

②锑标准使用液（100.0 μg/L）：移取 10.00 mL 1.00 mg/L 锑标准中间液于 100 mL 容量瓶中，加入 20 mL 1+1 盐酸溶液，用水定容至标线，混匀。用时现配。

（17）载气和屏蔽气：氩气（纯度≥ 99.99%）。

（18）慢速定量滤纸。

2.5.5 仪器和设备

（1）微波消解仪（CEM）；

（2）原子荧光光度计（具汞、砷、硒、铋、锑的元素灯）；

（3）恒温水浴锅；

（4）分析天平：精度 0.0001 g；

（5）实验室常用设备。

2.5.6 操作步骤

1. 试样的制备

称取 0.1 ～ 0.5 g 左右（精确到 0.0001 g，样品中元素含量低时，可将样品称取量提高至 1.0 g）通过尼龙筛（100 目筛子）的风干土样于聚四氟乙烯密闭消解罐中，先加入 6 mL 盐酸，再慢慢加入 2 mL 硝酸，摇匀，拧紧盖子，将消解罐安置于消解罐支架上，放入微波消解仪中，按照表 2–4 提供的微波消解参考程序进行消解，消解结束后冷却至室温。打开密闭消解罐，然后用水全部洗入 50 mL 容量瓶中，定容，摇匀，过滤。同样的方法做 2 ～ 3 个空白（不加土样）。

表 2–4 微波消解参考程序

步骤	升温时间 /min	目标温度 /℃	保持时间 /min
1	5	100	2
2	5	150	3
3	5	180	25

2. 试料的制备

分取 10.0 mL 待测液于 50 mL 容量瓶中，按照表 2–5，加入盐酸、硫脲和抗坏血酸混合溶液，混匀，室温放置 30 min，用水定容至标线，摇匀。

表 2–5　定容 50 mL 时试剂加入量　mL

名称	汞	砷、铋、锑	硒
盐酸	2.5	5.0	10.0
硫脲和抗坏血酸混合溶液	—	10.0	–

注：室温低于 15 ℃时，置于 30 ℃水浴锅中保温 20 min。

3. 操作步骤

（1）原子荧光光度计的调试

原子荧光光度计开机预热，按照要求使用说明书设定灯电流、负高压、载气流量、屏蔽气流量等工作参数，参考条件如表 2–6 所示。

表 2–6　参考条件

元素名称	灯电流 / mA	负高压 /V	原子化器温度 /℃	载气流量 / (mL/min)	屏蔽气流量 / (mL/min)	灵敏线波长 /nm
汞	15 ～ 40	230 ～ 300	200	400	800 ～ 1000	253.7
砷	40 ～ 80	230 ～ 300	200	300 ～ 400	800	193.7
硒	40 ～ 80	230 ～ 300	200	350 ～ 400	600 ～ 1000	196.0
铋	40 ～ 80	230 ～ 300	200	300 ～ 400	800 ～ 1000	306.8
锑	40 ～ 80	230 ～ 300	200	200 ～ 400	400 ～ 700	217.6

（2）标准曲线系列的制备

①汞系列标准曲线配置

分别移取 0.00 mL、0.50 mL、1.00 mL、2.00 mL、3.00 mL、4.00 mL、5.00 mL 10 μg/L 汞标准使用液于 50 mL 容量瓶中，分别加入 2.5 mL 盐酸，用水定容至标线，混匀。（汞标准系列溶液浓度见表 2–7）

② 砷系列标准曲线配置

分别移取 0.00 mL、0.50 mL、1.00 mL、2.00 mL、3.00 mL、4.00 mL、5.00 mL 100 μg/L 砷标准使用液于 50 mL 容量瓶中，分别加入 5.0 mL 盐酸、10 mL 硫脲和抗坏血酸混合溶液，室温放置 30 min（室温低于 15 ℃时，置于 30 ℃水浴锅中保温 20 min），用水定容至标线，混匀。（砷标准系列溶液浓度见表 2–7）

③硒系列标准曲线配置

分别移取 0.00 mL、0.50 mL、1.00 mL、2.00 mL、3.00 mL、4.00 mL、5.00 mL 100 μg/L 硒标准使用液于 50 mL 容量瓶中，分别加入 10.0 mL 盐酸，室温放置 30 min（室温低于 15 ℃时，置于 30 ℃水浴锅中保温 20 min），用水定容至标线，混匀。（硒标准系列溶液浓度见表 2–7）

④ 铋系列标准曲线配置

分别移取 0.00 mL、0.50 mL、1.00 mL、2.00 mL、3.00 mL、4.00 mL、5.00 mL 100 μg/L 铋标准使用液于 50 mL 容量瓶中，分别加入 5.0 mL 盐酸、10 mL 硫脲和抗坏血酸混合溶液，用水定容至标线，混匀。（铋标准系列溶液浓度见表 2–7）

⑤锑系列标准曲线配置

分别移取 0.00 mL、0.50 mL、1.00 mL、2.00 mL、3.00 mL、4.00 mL、5.00 mL 100 μg/L 锑标准使用液于 50 mL 容量瓶中，分别加入 5.0 mL 盐酸、10 mL 硫脲和抗坏血酸混合溶液，室温放置 30 min（室温低于 15 ℃时，置于 30 ℃水浴锅中保温 20 min），用水定容至标线，混匀。（锑标准系列溶液浓度见表 2–7）

⑥ 各元素标准系列浓度（表 2–7）。

表 2–7　各元素标准系列浓度　μg/L

元素	标准系列						
汞	0.00	0.10	0.20	0.40	0.60	0.80	1.00
砷	0.00	1.00	2.00	4.00	6.00	8.00	10.00
硒	0.00	1.00	2.00	4.00	6.00	8.00	10.00
铋	0.00	1.00	2.00	4.00	6.00	8.00	10.00
锑	0.00	1.00	2.00	4.00	6.00	8.00	10.00

4. 绘制标准曲线

以硼氢化钾溶液为还原剂、5+95 盐酸溶液为载流，由低浓度到高浓度顺次测定校准系列标准溶液的原子荧光强度。用扣除零浓度空白的校准系列原子荧光强度为坐标，溶液中相对应的元素浓度（μg/L）为横坐标，绘制校准曲线。

5. 测定

将制备好的待测液导入原子荧光光度计中，按照与绘制标准曲线相同仪器工作条件进行测定。如果被测元素浓度超过标准曲线范围，应稀释后重新进行测定。（同时测定空白待测液）

2.5.7 结果计算

（1）土壤中元素（汞、砷、硒、铋、锑）的含量 ω_1（mg/kg)，按照公式（1）进行计算。

$$\omega_1=\frac{(P-P_0)\times V_0\times V_2}{m\times W_{\mathrm{dm}}\times V_1}\times 10^{-3} \qquad (1)$$

式中：

ω_1——土壤样品中元素的含量，mg/kg；

P——由标准曲线计算所得试液中元素的质量浓度，μg/L；

P_0——由标准曲线计算所得空白液中元素的质量浓度，μg/L；

V_0——微波消解后试样的定容体积，mL；

V_1——分取试液的体积，mL；

V_2——分取后测定试液的定容体积，mL；

m——风干土样质量，g；

W_{dm}——土壤样品干物质的含量，%。

（2）沉积物中元素（汞、砷、硒、铋、锑）的含量 ω_2（mg/kg)，按照公式（2）进行计算。

$$\omega_2=\frac{(P-P_0)\times V_0\times V_2}{m\times (1-f)\times V_1}\times 10^{-3} \qquad (2)$$

式中：

ω_2——沉积物样品中元素的含量，mg/kg；

P——由标准曲线计算所得试液中元素的质量浓度，μg/L；

P_0——由标准曲线计算所得空白液中元素的质量浓度，μg/L；
V_0——微波消解后试样的定容体积，mL；
V_1——分取试液的体积，mL；
V_2——分取后测定试液的定容体积，mL；
m——风干土样质量，g；
f——沉积物样品含水率，%。

结果表示：测定结果小数位数的保留与方法检出限一致，最多保留三位有效数字。

2.5.8 注意事项

（1）硝酸和盐酸具有强腐蚀性，样品消解过程应在通风橱内进行，实验人员应注意佩戴防护器具。

（2）实验所有的玻璃器皿均需用（1+1）硝酸溶液浸泡 24 h 后，依次用自来水、去离子水洗净。

（3）消解罐的清洗：先进行一次空白消解。（先加入 6 mL 盐酸，再慢慢加入 2 mL 硝酸，摇匀，拧紧盖子，将消解罐安置于消解罐支架上，放入微波消解仪中，按相应的微波消解参考程序进行消解，消解结束后冷却至室温。打开密闭消解罐，弃掉空白液，洗净，备用。）

2.5.9 仪器图片

实验用到的仪器如图 2-7 ～图 2-8 所示。

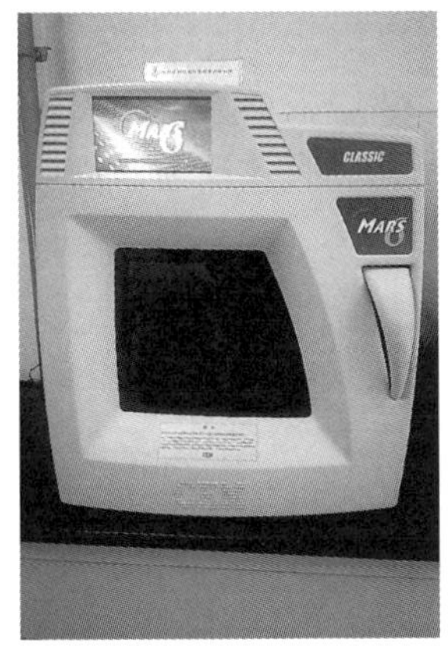

图 2-7 微波消解仪

图 2-8 原子荧光光度计

2.6 土壤有机碳的测定

2.6.1 方法依据

HJ 695—2014 土壤有机碳的测定——燃烧氧化—非分散红外法

2.6.2 方法要点

风干土壤样品在富含氧气的载气中加热至 680 ℃以上，样品中有机碳被氧化为二氧化碳，产生的二氧化碳导入非分散红外检测器，在一定浓度范围内，二氧化碳的红外线吸收强度与其浓度成正比，根据二氧化碳产生量计算土壤中的有机碳含量。

2.6.3 干扰和消除

当样品被加热至 200 ℃以上时，所有碳酸钙均完全分解，产生二氧化碳，对本方法的测定产生正干扰，可通过加入适量磷酸去除。

2.6.4 试剂

（1）无二氧化碳水：临用现制，电导率≤ 2 mS/m（25 ℃）。

（2）浓磷酸（H_3PO_4）=85%, 优级纯。

（3）磷酸溶液:（H_3PO_4）=5%。

配制方法：量取 59 mL 浓磷酸溶于 700 mL 无二氧化碳水中，冷却至室温后，用无二氧化碳水定容至 1 L。常温下保存，有效期为两周。

（4）载气：氮气，纯度 99.99%。

（5）助燃气：氧气，纯度 99.99%。

2.6.5 仪器和设备

（1）总有机碳分析仪：带有固体燃烧装置，可加热至 680 ℃以上，温度可调节，精度 1 ℃；具有非分散红外检测器。

（2）电子天平：精度为 0.1 mg 。

（3）一般实验室常用仪器和设备。

2.6.6 操作步骤

1. 仪器调试

按照总有机碳测定仪说明书设定条件参数并进行调试。

2. 标准曲线的绘制

用土壤标准样品 GBW07402 a（ASA–1 a）–GBW07461（ASA–10）中 3 ～ 5 个样品，做标准曲线。（注：按照测定样品操作）

3. 测定样品

称取 0.05 g(精确到 0.0001 g) 通过筛孔（160 目筛子）的风干土样于瓷舟中，并缓慢滴加 5% 磷酸溶液，至试样无气泡冒出，将瓷舟放入 105 ℃烘箱烘干 2 h, 冷却后，将瓷舟放入总有机碳分析仪，测定响应值。（注：当样品浓度较高时，可适当减少称样量，但不应小于 0.01 g。）同时测定 1 ～ 2 个空白。（空白用空瓷舟代替试样。）

2.6.7 结果计算

土壤中有机碳的含量 ω_{oc}（g/kg), 按照公式（1）进行计算。

$$\omega_{oc}=\frac{(P-P_0)}{m\times W_{dm}}\times 10^{-3} \quad (1)$$

式中：

ω_{oc}——土壤样品有机碳的含量，g/kg；

P——由标准曲线计算所得土壤样品中有机碳的质量浓度，mg/L；

P_0——由标准曲线计算所得空白瓷舟的质量浓度，mg/L；

m——风干土样质量，g；

W_{dm}——土壤样品干物质的含量，%。

2.6.8 注意事项

（1）标准曲线的相关系数应大于等于 0.995。

（2）每批样品测定时，应分析一个有证标准样品，其测定值应在保证值范围内。

（3）每批样品应至少做 10% 的平行样品测定，样品数不足 10 个时，每批样品应至少做一个平行样品测定。当样品有机碳含量≤ 1% 时，平行样测

定结果的差值应在 ±0.10% 之内；当样品有机碳含量 >1% 时，平行样测定结果的相对偏差≤ 10.0%。

2.6.9 仪器图片

实验用到的仪器如图 2-9 所示。

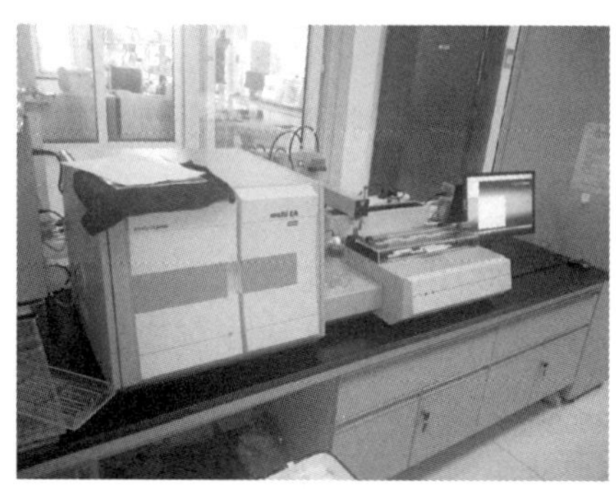

图 2-9 碳、硫分析仪

2.7 土壤有机碳测定方法

2.7.1 方法依据

LY/T 1237—1999 森林土壤有机质的测定

2.7.2 方法要点

重铬酸钾氧化—外加热法是利用油浴加热消煮的方法来加速有机质的氧化，使土壤有机质中的碳氧化成二氧化碳，而重铬酸离子被还原成三价铬离子，剩余的重铬酸钾用二价铁的标准溶液滴定，根据有机碳被氧化前后重铬酸离子数量变化，就可算出有机碳或有机质的含量。本法采用氧化校正系数 1.1 来计算有机质含量。

2.7.3 主要仪器

50 mL 数字滴定器；温度计 (250 ℃)；玻璃试管（2×20 cm）；试管匹配的小漏斗；电磁炉（家用即可）；油浴锅（家用双底加厚即可）；铁丝

笼（大小和形状与油浴锅配套，内有若干小格，每格内可插入一支试管）；三角瓶（150 mL）；10 mL 瓶口分液器；5 mL 液枪等。

2.7.4 试剂

（1）0.8 mol/L 1/6 $K_2Cr_2O_7$ 重铬酸钾标准溶液：称取 39.2245 g 重铬酸钾（$K_2Cr_2O_7$，分析纯）于 700 mL 水中，再加入 100 mL 浓硫酸，溶解冷却后用水定容 1 L。（有条件的实验室可用超声波溶解）

（2）0.2 mol/L 硫酸亚铁溶液：称取 56.0 g 硫酸亚铁（$FeSO_4 \cdot 7H_2O$，分析纯），溶解于 800 mL 水，加 15 mL 浓硫酸，用水定容 1 L。（有条件的实验室可用超声波溶解）

（3）邻啡啰啉指试剂：称取 1.485 g 邻啡啰啉（$C_{12}H_{11}O_2N$）及 0.695 g 硫酸亚铁（$FeSO_4 \cdot 7H_2O$，分析纯），溶解于 100 mL 水中。贮于棕色瓶中。（有条件的实验室可用超声波溶解）

（4）浓硫酸（密度 1.84 g/mL，分析纯）。

（5）0.1 mol/L 1/6 $K_2Cr_2O_7$ 重铬酸钾标准溶液：称取 4.9031 g 在 105 ℃烘干（一般烘 2 h）的重铬酸钾（$K_2Cr_2O_7$，分析纯）溶解于 800 mL 水中，加入 70 mL 浓硫酸，冷却后用水定容 1 L。（有条件的实验室可用超声波溶解）

此溶液用来标定硫酸亚铁精确浓度。方法如下：吸取 10 mL 0.1 mol/L 1/6 $K_2Cr_2O_7$ 标准溶液，放在 150 mL 三角瓶中，加入 3 滴邻啡啰啉指试剂，用 0.2 mol/L 硫酸亚铁溶液滴定，溶液由橙黄经蓝绿变棕红色终点。同时做三个重复实验。

计算公式

$$C = \frac{0.1 \times V}{V_1}$$

式中：

C——硫酸亚铁精确浓度，mol/L；

0.1——0.1 mol/L 重铬酸钾标准溶液浓度，mol/L；

V——吸取 0.1 mol/L 重铬酸钾标准溶液体积，mL；

V_1——滴定 0.1 mol/L 重铬酸钾标准溶液所用去的硫酸亚铁溶液的体积，mL。

2.7.5 操作步骤

1. 称样

称取 0.01 ~ 0.5 g(精确到 0.0001 g)通过(100 目筛子)的风干土样于玻璃试管底部，加入 0.8 mol/L 重铬酸钾溶液 5 mL 于玻璃试管中，再加入 4.5 mL 浓硫酸于玻璃试管中。(注：要缓慢加入硫酸，速度过快易喷溅出来，有烧伤危险！)

2. 消煮

先将油浴锅加热至 180 ℃，将盛土样的玻璃试管摇匀后插入铁丝笼架中，放上小漏斗。然后将其放入油锅中加热，此时应控制锅内温度在 170 ~ 180 ℃之间，等到大部分试管都沸腾，开始计时。保持沸腾 5 min，(消煮时间要精确到秒)然后取出铁丝笼架，待试管稍冷后，消煮完成。(如煮沸后的溶液呈绿色，表示重铬酸钾用量不足，应减少称土样的量。)

注：消煮时先将电磁炉放在火锅键；使温度升到 170 ℃；然后减到 800 W(或 130 ℃)使温度升高到 180 ℃，把样品放到油浴锅中，沸腾后计时，再减到 500 W(或 100 ℃)直到消煮结束。需要继续消煮时在调到 800 W(或 130 ℃)使温度升高到 180 ℃，把样品放到油浴锅中，沸腾后计时，再调到 500 W(或 100 ℃)直到消煮结束。

3. 滴定

先将小漏斗取下，再将 150 mL 三角瓶洗干净后加入 3 ~ 5 滴邻啡啰啉指试剂。将试管内混合物洗入 150 mL 三角瓶中，使瓶内体积在 60 ~ 80 mL 左右，用 0.2 mol/L 硫酸亚铁溶液滴定，溶液由橙黄经蓝绿变棕红色终点。

注：每批分析时，必须做 2 ~ 3 个空白标定；空白标定不加土样，但要加入 0.1 ~ 0.5 g 石英沙，(在消煮时起到防止溅出)其他步骤与测定土样时完全相同，记录硫酸亚铁用量(V_0)。空白值很重要。

2.7.6 结果计算

$$\text{土壤有机碳}(\%)=\frac{(V_0-V)\times C\times 0.003\times 1.1}{m}\times 100 \tag{1}$$

$$\text{有机质}(\%)=\text{有机碳}(\%)\times 1.724 \tag{2}$$

式中：

C——硫酸亚铁精确浓度，mol/L；

V_0——滴定空白所用去硫酸亚铁体积，mL；

V——滴定土样所用去硫酸亚铁体积，mL；

0.003——1/4 碳原子的摩尔质量，g/mmol;

1.1——氧化校正系数；

1.724——将有机碳换算成有机质系数；

m——烘干土样质量，g。

土壤有机碳氮比的计算：

碳氮比 = 土壤有机碳（%）/ 土壤全氮 (%)

2.7.7 注意事项

（1）为了保证有机碳氧化完全，如样品测定时所用硫酸亚铁溶液体积小于空白标定时所消耗硫酸亚铁溶液体积的三分之一时，需减少称样量（重做）。

（2）测定全氮及有机质的样品必须采用同一个处里的样品。

2.7.8 仪器图片

实验用到的仪器如图 2-10 ～图 2-11 所示。

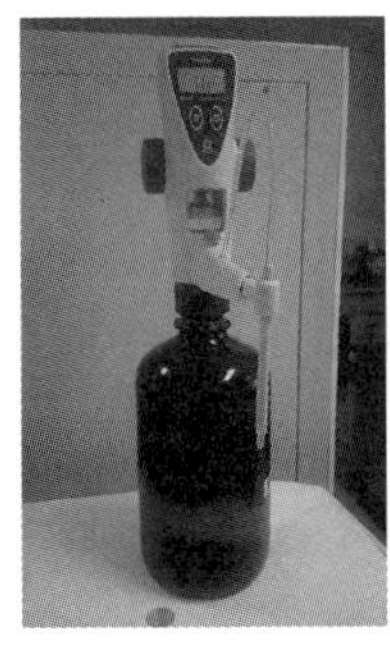

图 2-10 数字滴定器

图 2-11 消煮设备（油浴锅）

2.8　土壤 pH 的测定

2.8.1　方法依据

LY/T 1239—1999 森林土壤 pH 的测定

2.8.2　方法要点

用于浸提的水或盐溶液（酸性土壤为 1 mol/L 氯化钾，中性和碱性土壤采用 0.01 mol/L 氯化钙）与土之比为 2.5 ∶ 1，盐土用 5 ∶ 1, 枯枝落叶层及泥炭层用 10 ∶ 1。加水或盐溶液后经充分搅匀，平衡 30 min, 然后将 pH 玻璃电极插入浸出液中，用 pH 计测定。

2.8.3　试剂

（1）pH4.01 标准缓冲溶液。（购买市售有证标准缓冲溶液）

（2）pH6.86 标准缓冲溶液。（购买市售有证标准缓冲溶液）

（3）pH9.18 标准缓冲溶液。（购买市售有证标准缓冲溶液）

（4）0.01 mol/L 氯化钙溶液：147.02 g 氯化钙（$CaCl_2 \cdot 2H_2O$, 分析纯）溶解于 800 mL 水中，定容至 1 L，既为 1.0 mol/L 氯化钙溶液。吸取 10 mL 1.0 mol/L 氯化钙溶液于 1 L 烧杯中，加入 900 mL 水，用少量氢氧化钙或盐酸调节 pH 为 6 左右，然后用水定容 1 L，即为 0.01 mol/L 氯化钙溶液。

（5）1 mol/L 氯化钾溶液：74.6 氯化钾（KCl，分析纯）溶于 900 mL 水中，该溶液 pH 要在 5.5 ～ 6.0 之间，然后用水定容至 1 L。

（6）无二氧化碳的水：取 2 ～ 3 L 去离子水于不锈钢锅中，用电磁炉加热至沸腾 10 min 后，加盖冷却后立即使用。（无二氧化碳水的标准是：pH<7，电导率≤ 2 μS/cm。）

2.8.4　主要仪器

酸度计；全自动 pH 搅拌仪。

2.8.5 操作步骤

称取通过 2 mm 筛孔的风干土壤 10 g 于 50 mL 高型烧杯中，加入 25 mL 无二氧化碳的水或 1 mol/L 氯化钾溶液（酸性土测定用）或 0.01 mol/L 氯化钙溶液（中性、石灰性或碱性土测定用）。枯枝落叶层及泥炭层样品称取 5 g，加水或盐溶液 50 mL。加入转子，放在全自动 pH 搅拌仪上，盖上盖，接通电源，设置好条件，点击开始，仪器停止后，立即使用校正好的 pH 计测试仪测定第一个样品，依次测定。（仪器条件是按照：搅拌 1 min 静置 30 min 设置的，能够确保每个样品静置时间一致。）

2.8.6 结果计算

一般的 pH 计可直接读出 pH；不需要换算。

允许偏差：两次称样平行测定结果允许差为 0.1 pH 单位；室内严格掌握测定条件和方法时，精密 pH 计的允许差可降至 0.02 pH 单位。

2.8.7 注意事项

（1）土壤不要磨得过细，以通过 2 mm 筛孔为宜。

（2）使用标准溶液时，酸性土壤样品（要用 pH4.01 标准溶液和 pH6.86 标准溶对 pH 计进行校正。）中性和碱性土壤样品（要用 pH6.86 标准溶液和 pH9.18 标准溶对 pH 计进行校正。）

（3）把玻璃电极插入土壤悬液中要轻轻晃动烧杯一下，除去电极上的水膜，促使快速平衡。

（4）每个样品测定后，即用水冲洗电极，并用干滤纸将水吸干，再测定下一个样品。

（5）测试环境：一定要避免空气中氨或挥发性酸等的影响。

（6）测量时判断读数稳定的方法：测量的 pH 在 5 s 中内变化不超过 0.02 pH 单位。稳定时间通常在 1 min 以内。

注：下列情况也会影响读数稳定：

（7）高 pH：在高 pH 情况下，很难稳定。

（8）玻璃电极的质量（电极在制造过程中的差异）和使用年限。

（9）pH 测量所处的介质（在氯化钾和氯化钙介质中稳定速度比在水中快）。

（10）在一个样品系列中，样品之间的 pH 差异。

（11）测量过程中的机械搅拌有助于在较短的时间内实现读数稳定，所以本方法采用全自动 pH 搅拌仪。

（12）在一些含有浓度有机物的土壤中（如泥煤土壤)，悬浊液本身的特性是影响读数稳定的主要因素；对于石灰质土壤，悬浊液可能吸收二氧化碳，使 pH 很难稳定。

2.8.8 仪器图片

实验用到的仪器如图 2–12 ～图 2–13 所示。

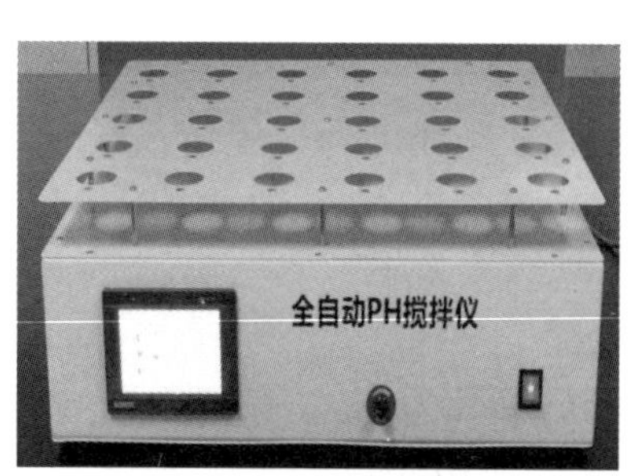

图 2–12　全自动 PH 搅拌仪

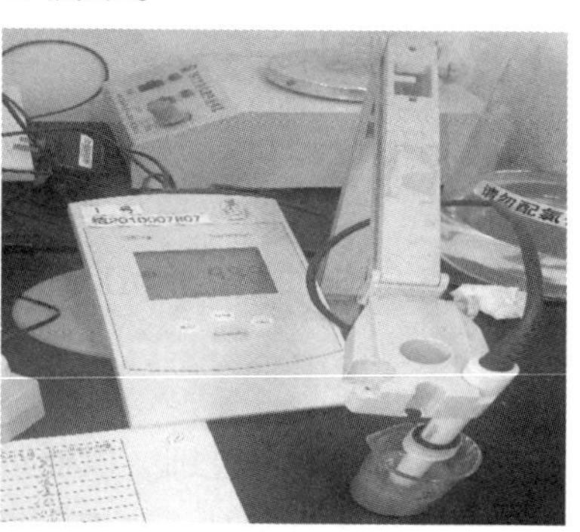

图 2–13　pH 计分析仪

2.9　土壤全氮、全碳的测定

2.9.1　方法依据

LY/T 1228—2015 森林土壤全氮的测定——元素分析仪法

2.9.2　方法原理

样品在燃烧管中高温燃烧，使被测氮元素的化合物转化为 NO_x，然后经自然铜的还原和杂质（如卤素）去除过程，NO_x 被转化为 N_2，随后氮的含量被热导检测器检测。

2.9.3 试剂和材料

（1）标准物质试剂：acet。

（2）载气：氦气或氩气。

（3）氧气。

2.9.4 仪器和设备

（1）天平（感量 0.1 mg）。

（2）元素分析仪。

2.9.5 操作步骤

称取 20 mg 左右通过（100 目）筛孔土样于锡舟中，用镊子包好后，参照仪器使用说明，按样品测定程序，同时测定土壤样品的全氮、全碳含量。

2.9.6 结果计算（仪器软件直接计算结果，没有特殊情况，无需计算）

用元素分析仪法测定全氮、全碳含量，计算见式：

$$W_N = \frac{X}{K_1}$$

式中：

W_N——全氮、全碳含量，g/kg；

X——仪器测量信号所转换成相应的含氮量，mg/kg；

K_1——由风干土样换算成烘干土样的水分换算系数。

允许差：两平行测定结果允许绝对差小于 5%。

2.9.7 注意事项

（1）元素分析仪分为两种：一种是小进样量适合做样品含氮量比较高的；另一种是大进样量适合做样品含氮量比较低的。

（2）由于使用量少，所以样品一定要磨细，通过 100 目筛子的样品备用。

2.9.8 仪器图片

实验用到的仪器如图 2-14 ～图 2-17 所示。

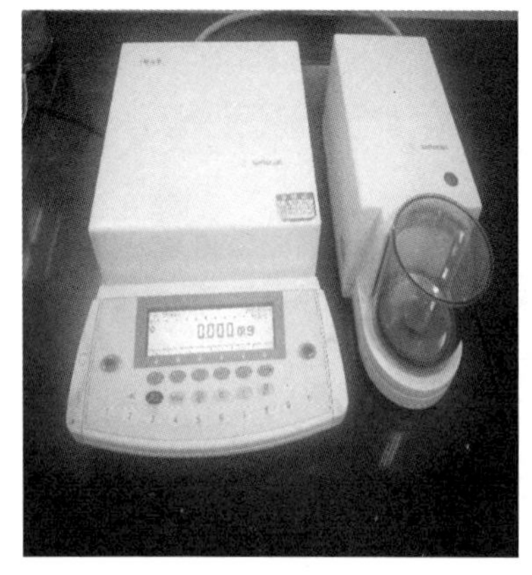

图 2-14　百万分之一天平

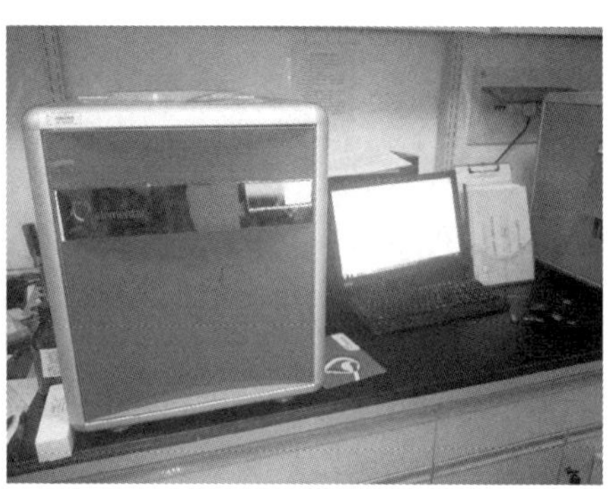

图 2-15　元素分析仪（小进样量）

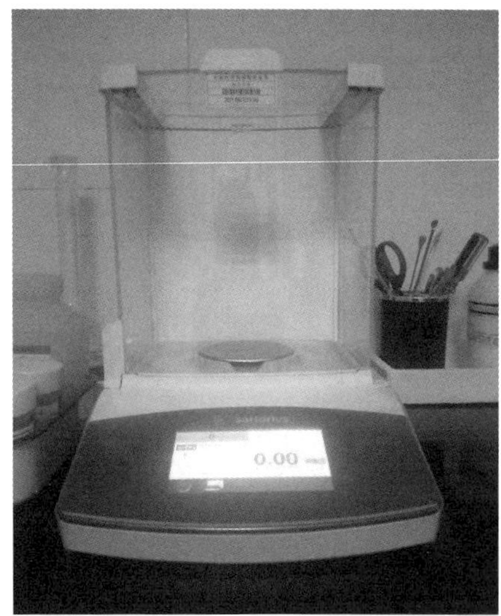

图 2-16　十万分之一天平

图 2-17　元素分析仪（大进样量）

2.10 土壤全氮的测定

2.10.1 方法依据

LY/T 1228—2015 森林土壤全氮的测定 凯氏定氮法

2.10.2 方法要点

土壤中的全氮在加速剂的参与下，用浓硫酸消煮，转化为铵态氮，用氢氧化钠碱化，加热蒸馏出来的氨用硼酸吸收，用酸标准溶液滴定，求出土壤全氮的含量（未包括硝态氮和亚硝态氮）。包括硝态氮和亚硝态氮的土壤全氮的测定，在样品消煮前，需先用高锰酸钾将样品中的亚硝态氮氧化为硝态氮后，再用还原铁粉使硝态氮和亚硝态氮还原，转化成铵态氮。

2.10.3 主要仪器

凯氏定氮仪、消煮炉。

2.10.4 试剂

（1）浓硫酸（密度 1.84 g/mL, 分析纯）。

（2）加速剂：称取 100 g 硫酸钾和 10 g 硫酸铜混匀，粉碎，备用。（使用万能粉碎机粉碎 30 s 左右即可。）

（3）2% 硼酸溶液：称取 20 g 硼酸溶解于 800 mL 水中，用水定容至 1 L。

（4）40% 氢氧化钠溶液：称取 1000 g 氢氧化钠溶解于 2.5 L 水中。（一般取 2 瓶氢氧化钠倒入 2.5 L 水中，边加氢氧化钠边搅拌。冷却后使用，必须在通风橱里操作。）

（5）指示剂：称取 0.099 g 溴甲酚绿和 0.066 g 甲基红溶解于 100 mL 95% 乙醇中。

（6）酸标准溶液：0.02 mol/L（1/2 H_2SO_4）

用移液管或移液器量取 2.83 mL 的 H_2SO_4，加水稀释至 5 L。

（7）0.0200 mol/L 1/2 $Na_2B_4O_7$（硼砂）标准溶液：称取 1.9068 g 硼砂

（$Na_2B_4O_7 \cdot 10H_2O$，需使用实验室干燥器中平衡好的），溶解于 300 mL 水中，移入 500 mL 容量瓶中，用水定容。

2.10.5　操作步骤

（1）称取过 0.149 mm 筛的风干土样 0.5000 ～ 1.0000 g 于凯氏消煮管底部，依次加入加速剂 2 g，摇匀，浓硫酸 5 mL，摇匀，瓶口加盖漏斗，然后置于 385 ℃消煮炉上消煮，同时做 2 个空白。（不加土样，其他试剂和样品一致）

（2）消煮 1.5 h。消煮完毕后，冷却，待蒸馏。

（3）待消煮液冷却，将漏斗上的残留物用少量蒸馏水洗入管内，然后把消煮管接到蒸馏装置上；同时将洗干净的 250 mL 三角瓶滴入 3 ～ 5 滴指示剂，接到冷凝管的下端，操作仪器进行蒸馏。

（4）蒸馏完毕，用少量蒸馏水冲洗冷凝管端部，取下三角瓶，然后用 0.02 mol/L H_2SO_4 标准溶液滴定，当蒸馏溶液由蓝绿色突变粉红色即达到终点，记下滴定体积（mL）。注：滴定空白时，缓慢滴定，以免滴过量。

（5）标定：用移液器准确吸取 10 mL 0.02 mol/L 硼砂标准溶液 2 ～ 3 份于 150 mL 三角瓶中，分别加 3 ～ 4 滴指示剂，用于标定硫酸标准溶液浓度。

（6）计算公式：

$$C=\frac{0.02\times V}{V_1}$$

式中：

C——硫酸精确浓度，mol/L；

0.02——0.02 mol/L 硼砂标准溶液浓度，mol/L；

V——吸取 0.02 mol/L 硼砂标准溶液体积，mL；

V_1——滴定 0.02 mol/L 硼砂标准溶液所用去的硫酸溶液的体积，mL。

2.10.6　计算结果

$$\text{土壤全氮N}\ (\text{g}/\text{kg})=\frac{(V-V_0)\times c\times 0.014}{m}\times 1000$$

式中：

N——全氮（TN）质量分数，g/kg；

V——滴定样品用酸标准溶液的 mL 数；

V_0——滴定空白用酸标准溶液的 mL 数；

c——酸标准溶液的浓度，mol/L；

0.014——氮原子的摩尔质量，g/ mmol；

1000——换算为克每千克的系数；

m——烘干土样品的质量，g。

2.10.7 注意事项

（1）做空白时需要把定氮仪清洗几次，再做空白样品。这样可以保证空白不被污染。

（2）本方法没有写包括硝态氮和亚硝态氮的土壤全氮的消煮方法，有需要者可在 LY/T 1228—2015 森林土壤全氮的测定凯氏定氮法中找到。这种方法不常用。

2.10.8 仪器图片

实验用到的仪器如图 2-18 ～图 2-19 所示。

图 2-18 半自动凯氏定氮仪

图 2-19 全自动凯氏定氮仪

2.11 土壤水解性氮的测定

2.11.1 方法依据

LY/T 1228—2015 森林土壤全氮的测定——水解性氮法

2.11.2 方法要点

用 1.8 mol/L 氢氧化钠溶液处理土壤，在扩散皿中，土壤碱性条件下进行水解，使易水解态氮经碱解转化为铵态氮，扩散后由硼酸溶液吸收，用标准酸滴定，计算碱解氮的含量。如果森林土壤硝态氮含量较高，应该加还原剂还原。而森林土壤的浅育土壤由于硝态氮含量较低，不需加还原剂使其还原，因此氢氧化钠溶液浓度可降到 1.2 mol/L。

2.11.3 主要仪器

（1）电子天平:（感量 0.01 g）;

（2）扩散皿:（外室 10 cm）;

（3）滴管: 10 mL ;

（4）恒温箱。

2.11.4 试剂

（1）1.8 mol/L 氢氧化钠溶液：称取 72.0 g 氢氧化钠溶解于 800 mL 水中，用水定容至 1 L。

（2）1.2 mol/L 氢氧化钠溶液：称取 48.0 g 氢氧化钠溶解于 800 mL 水中，用水定容至 1 L。

（3）锌—硫酸亚铁还原剂：称取磨细并通过 0.25 mm 筛孔 50.0 g 硫酸亚铁及 10.0 g 锌粉混匀，贮于棕色瓶中。（该试剂贮存期不超过 2 个月）

（4）碱性胶液: 40.0 g 阿拉伯胶和 50 mL 水在烧杯混匀，加热到 60 ~ 70 ℃，搅拌促溶，冷却后加入 40 mL 甘油和 20 mL 饱和碳酸钾溶液，搅拌均匀，冷却。

（5）0.01 mol/L 盐酸溶液：吸取 8.4 mL 盐酸，缓慢注入 400 mL 水中，

用水定容到 1 L（此溶液浓度为 0.1 mol/L）。量取 100.0 mL 的 0.1 mol/L 盐酸溶液于 1 L 容量瓶中，用水定容到 1 L（此溶液浓度为 0.01 mol/L）。

（6）甲基红—溴甲酚绿混合溶液：称取 0.099 g(或 0.5 g) 溴甲酚绿及 0.066 g(或 0.1 g) 甲基红，溶解于 100 mL95% 乙醇中，其变色范围 pH4.4（红）～ 5.4（蓝），该指示剂贮存期不超过 2 个月。（可以使用超声波清洗器溶解）

（7）20 g/L 硼酸—指示剂溶液：称取 20.0 g 硼酸溶解于 850 mL 水中，用水定容至 1 L，再加入 20 mL 甲基红—溴甲酚绿混合溶液，摇匀。（现用现配）

（8）0.02 mol/L 1/2 $Na_2B_4O_7$（硼砂）标准溶液：称取 1.9068 g 硼砂（$Na_2B_4O_7 \cdot 10H_2O$，需使用实验室干燥器中平衡好的），溶解于 500 mL 水中，移入 500 mL 容量瓶中，用水定容。

（9）标定：用移液器准确吸取 10 mL 0.02 mol/L 硼砂标准溶液 2 ～ 3 份于 150 mL 三角瓶中，分别加 3 ～ 4 滴指示剂，用于标定盐酸酸标准溶液浓度。

标定盐酸酸标准溶液浓度计算公式：

$$C=\frac{0.02\times V}{V_1}$$

式中：

C——盐酸精确浓度，mol/L；

0.02——0.02 mol/L 硼砂标准溶液浓度，mol/L；

V——吸取 0.02 mol/L 硼砂标准溶液体积，mL；

V_1——滴定 0.02 mol/L 硼砂标准溶液所用去的盐酸溶液的体积，mL。

2.11.5 操作步骤

（1）称取通过 2 mm 筛孔的风干土样 1.00 ～ 2.00 g 和 1 g 锌—硫酸亚铁还原剂，均匀地平铺于扩散皿外室。（若为水稻土，不需加还原剂）

（2）加入 20 g/L 硼酸—指示剂溶液 3 mL 于扩散皿内室。

（3）在扩散皿外室边缘上方涂碱性甘油，盖好扩散皿盖。然后慢慢转开扩散皿的一边，使扩散皿的一边露出一条狭缝，在此缺口迅速加入 1.8 mol/L 氢氧化钠溶液 10.0 mL 于皿扩散皿的外室，立即把扩散皿盖严，然后小心地用橡皮筋二根交叉成十字形圈紧。

（4）水平地轻轻转动扩散皿，使溶液与土样充分混合，放在恒温箱中，于 40 ℃保温 24 h，在此期间间歇地水平轻轻转动 3 次。同时做试剂空白，不加土样，其他试剂和样品一致。

（5）用 0.01 mol/L 盐酸标准溶液滴定内室硼酸中吸收的氨量，颜色由蓝变紫红，即达终点。滴定时应用细玻璃棒搅动内室溶液，不宜摇动扩散皿，以免溢出，接近终点时可用玻璃棒少沾滴定管尖端的标准酸溶液，以防滴过终点。

2.11.6 结果计算

水解氮含量 W_N（mg/kg），按下式计算：

$$W_N = \frac{C \times (V - V_0) \times 14}{m \times K} \times 1000$$

式中：

C——盐酸标液浓度，mol/L；

V——样品消耗盐酸标液的体积，mL；

V_0——空白消耗盐酸标液的体积，mL；

14——氮的摩尔质量，g/mol；

m——称样量，g；

K——将风干土样换算成烘干土样的水分换算系数。

2.11.7 注意事项

（1）实验所用的扩散皿选用烘干的。

（2）加还原剂的时候，要让还原剂与土壤让样品混匀。

（3）扩散皿内加入氢氧化钠溶液后，要轻轻转动扩散皿，让土壤样品被氢氧化钠浸湿。

（4）遇到水解性氮含量高的，在滴定过程中可以选择高浓度的盐酸标准溶液，以免内室液体还没达到终点，液体溢出。

2.11.8 实验图片

这款扩散皿不需要涂胶，直接拧紧即可（图 2–20）。

图 2–20　扩散皿、培养箱

2.12　土壤硝态氮、铵态氮的测定

2.12.1　方法依据

LY/T 1228—2015 森林土壤全氮的测定土壤硝态氮、铵态氮的测定—流动分析仪法

2.12.2　方法要点（硝态氮）

样品用 2 mol/L KCl 溶液浸提，在碱性的硫酸肼条件下，将 NO^{3-}–N 用 Cu 作催化剂还原成 NO^{2-}–N，然后与磺胺生成重氮盐，再与 N–（1– 萘基）– 乙二胺偶联生成粉红色的化合物，在 550 nm 波长下检测。

2.12.3　方法要点（铵态氮）

土壤用氯化钾溶液浸提。以硝普钠作为催化剂，铵态氮与水杨酸钠和二氯异氰酸钠盐反应生成蓝色化合物，在 660 nm 波长处测定其吸光值。

2.12.4　主要仪器

（1）电子天平:（感量 0.01 g）；

（2）全自动连续流动分析仪；

（3）烘箱；

（4）振荡机等。

2.12.5　浸提试剂

（1）2 mol/L 氯化钾溶液：称取 149 g 氯化钾（KCl）溶解于 800 mL 水中，用水定容至 1 L。（标准上用的浸提剂是 2 mol/L 氯化钾溶液）

（2）1 mol/L 氯化钾溶液：称取 74.5 g 氯化钾（KCl）溶解于 800 mL 水中，用水定容至 1 L。（本实验室用的浸提剂是 1 mol/L 氯化钾溶液）

2.12.6（硝态氮、铵态氮）浸提步骤

称取过 2 mm 筛的新鲜土样 10 g 于 125 mL 塑料广口瓶中，加入 50 mL 氯化钾溶液，盖上盖拧紧，放在振荡机上，以 220 r/min，振荡 1 h，用定性滤纸过滤，滤液如不能在 24 h 内分析，需置于冰箱中存放。同时做空白，（不加土样外，其他试剂和样品一致，）还要做土样含水量。

2.12.7　上全自动连续流动分析仪试剂（根据：AA3 流动分析仪）

1. 硝态氮

（1）氢氧化钠

氢氧化钠	40 g
去离子水	1000 mL
Brlj–35, 30% 溶液	1 mL

将 40 g 氢氧化钠溶入约 600 mL 去离子水中，稀释至 1000 mL 并加入 1 mL Brlj–35 (30% 溶液)。

（2）磷酸—缓冲液

磷酸	3 mL
十水二磷酸钠	4 g
去离子水	1000 mL
Brlj–35 (30% 溶液)	1 mL

小心地将 3 mL 磷酸加入约 600 mL 去离子水混合均匀。溶入 4 g 十水二磷酸钠并混合均匀。稀释至 1000 mL 并加入 1 mL Brlj–35 (30% 溶液)。

（3）硫酸肼

①硫酸铜储备液

硫酸铜	0.1 g
去离子水	100 mL

将 0.1 g 硫酸铜溶入约 60 mL 去离子水中，稀释至 100 mL 并混合均匀。

②硫酸锌储备液

硫酸锌	1 g
去离子水	100 mL

将 1 g 硫酸锌溶入约 60 mL 去离子水中，稀释至 100 mL 并混合均匀。

③硫酸肼合成

硫酸铜储备液	7 mL
硫酸锌储备液	5 mL
硫酸联胺	6 g
去离子水	1000 mL

将 7 mL 硫酸铜储备液，5 mL 硫酸锌储备液和 6 g 硫酸肼加入约 600 mL 去离子水中，稀释至 1000 mL 混合均匀。（特别强调：待硫酸联胺溶解后，再加入硫酸铜和硫酸锌）

（4）显色剂

磺胺	10 g
N–1– 萘基乙二胺二盐酸 (NEDD)	0.5 g
磷酸	100 mL
去离子水	1000 mL

将 10 g 磺胺溶入约 120 mL 去离子水中，加入 0.5 g NEDD 并混合均匀。加入 100 mL 磷酸，稀释至 1000 mL，储存于棕色瓶中。每周或试剂吸收超过 0.1 AU 时更换。

（5）标准溶液

①硝酸盐标准储备液

硝酸钾	7.218 g
去离子水	1000 mL

将 7.218 g 硝酸钾溶入约 600 mL 去离子水，稀释至 1000 mL。（根据需要配制工作标准液。如果分析土壤或其它不是用纯水做提取液的样品，工

作标准要用样品提取液稀释。)

②标准曲线

分别吸取 100 mg/L 硝态氮标准溶液 0.00 mL、0.05 mL、1.00 mL、2.00 mL、4.00 mL、5.00 mL 于 100 mL 容量瓶中，用 2 mol/L 氯化钾溶液定容，即为含 0.00 mg/L、0.50 mg/L、1.00 mg/L、2.00 mg/L、4.00 mg/L、5.00 mg/L 的 NO^{3-}–N 标准系列溶液。

2. 铵态氮

（1）缓冲溶液

柠檬酸钠	40 g
去离子水	1000 mL
Brlj–35, 30% 溶液	1 mL

将 40 g 柠檬酸钠溶入约 600 mL 去离子水中，稀释至 1000 mL。再加入 1 mL Brlj–35, 30% 溶液，并混合均匀。每周更换。

（2）水杨酸钠溶液

水杨酸钠	40 g
硝普钠 (亚硝基铁氰化钠)	1 g
去离子水	1000 mL

将 40 g 水杨酸钠溶入约 600 mL 去离子水中，加入 1 g 硝普钠，稀释至 1000 mL 并混合均匀。每周更换。

（3）二氯异氰脲酸钠溶液（DCl）

氢氧化钠	20 g
二氯异氰脲酸钠（DCl）	3 g
去离子水	1000 mL

将 20 g 氢氧化钠和 3 g 二氯异氰脲酸钠溶入约 600 mL 去离子水中，稀释至 1000 mL 并混合均匀。每周更换。如没有二氯异氰脲酸钠，可用 60 mL 次氯酸钠（NaClO）代替。

（4）标准溶液

铵态氮标准储备液	1000 mg/L(N)
硫酸铵	4.717 g
去离子水	1000 mL

将 4.717 g 硫酸铵溶入约 600 mL 去离子水，稀释至 1000 mL。(根据需

要配制工作标准液。如果分析土壤或其他不是用纯水做提取液的样品，工作标准要用样品提取液稀释。）

标准曲线的制作：

分别吸取 100 mg/L 铵态氮标准溶液 0.00 mL、0.05 mL、1.00 mL、2.00 mL、4.00 mL、5.00 mL 于 100 mL 容量瓶中，用 2 mol/L 氯化钾溶液定容，即为含 0.00 mg/L、0.50 mg/L、1.00 mg/L、2.00 mg/L、4.00 mg/L、5.00 mg/L 的铵态氮标准系列溶液。

2.12.8　计算结果

（1）用连续流动分析仪法测定硝态氮含量，计算见式：

$$W_N = \frac{(C - C_0) \times V}{m \times K_2}$$

式中：

W_N——硝态氮 (NO_3^-–N) 含量，mg/kg；

C——从标准曲线上获得的待测液的硝态氮浓度，mg/L；

C_0——从标准曲线上获得的空白液的硝态氮浓度，mg/L；

V——浸提液的体积，取 50 mL；

m——鲜土土样质量，g；

K_2——由鲜土土样换算成烘干土样的水分换算系数（烘干土重 / 鲜土重）。

（2）用连续流动分析仪法测定铵态氮含量，计算见式：

$$W_N = \frac{(C - C_0) \times V}{m \times K_2}$$

式中：

W_N——铵态氮 (NH_4^+–N) 含量，mg/kg；

C——从标准曲线上获得的待测液的铵态氮浓度，mg/L；

C_0——从标准曲线上获得的空白液的铵态氮浓度，mg/L；

V——浸提液的体积，取 50 mL；

m——鲜土土样质量，g；

K_2——由鲜土土样换算成烘干土样的水分换算系数（烘干土重 / 鲜土重）。

2.12.9 仪器图片

实验用到的仪器如图 2-21 所示。

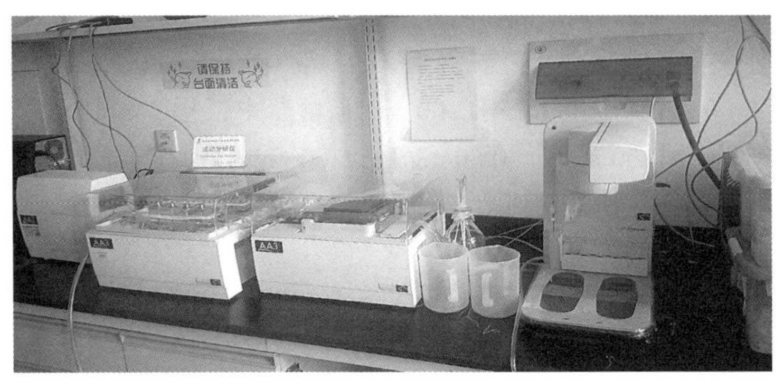

图 2-21 流动分析仪

2.13 土壤全磷的测定

2.13.1 方法依据

LY/T 1232—2015 森林土壤全磷的测定——钼锑抗比色法

2.13.2 方法要点

硫酸—高氯酸溶解土壤中的磷，用钼锑抗比色法测定。

2.13.3 主要仪器

紫外 / 分光光度计；电热板；10 mL 瓶口分液器；5 mL 液枪；100 mL 容量瓶等

2.13.4 试剂

（1）浓硫酸（密度 1.84 g/mL，分析纯）。

（2）高氯酸（$HClO_4$，60%～70% 分析纯）。

（3）4 mol/L 氢氧化钠溶液：160 g 氢氧化钠溶于水，用水定容至 1 L。

（4）0.5 mol/L 硫酸溶液：吸取 28 mL 浓硫酸，缓缓注入水中，并用水定容至 1 L。

（5）2, 4- 二硝基酚（或 2, 6- 二硝基酚）指示剂：称取 0.20 g 2, 4- 二硝基酚溶解于 100 mL 95%乙醇。

（6）钼锑贮存液：

A 溶液：称取 10 g 钼酸铵〔$(NH_4)_6Mo_7O24 \cdot 4H_2O$, 分析纯〕溶解于 500 mL 水中，缓慢地加入 153 mL 浓硫酸（密度 1.84 g/mL, 分析纯）。注：边加浓硫酸边搅拌。

B 溶液：称取 0.5 g 酒石酸锑钾（$KSbOC_4H_4O_6 \cdot 1/2H_2O$, 分析纯），溶解于 100 mL 水中。

当 A 溶液冷却到室温后，将 B 溶液倒入 A 溶液中，最后用水定容至 1 L。避光贮存。

（7）钼锑抗显色剂：称取 1.50 g 抗坏血酸（$C_6H_8O_6$，左旋，旋光度 +21° ～ +22°，分析纯）溶于 100 mL 钼锑贮存液中。此溶液须现用现配。

（8）100 ppm 磷（P）标准溶液：称取 0.4394 g 在 105 ℃烘干的磷酸二氢钾（KH_2PO_4，分析纯）于 600 mL 水，加 5 mL 浓硫酸（防腐），用水定容到 1 L，浓度为 100 ppm 磷（P），此溶液可以长期保存。

（9）5 ppm 磷（P）标准溶液 : 吸取 100 ppm 磷（P）标准溶液 5 mL 于 100 mL 容量瓶中，用水定容。此溶液为 5 ppm 磷（P）标准溶液，不宜久存，须现用现配。

2.13.5 操作步骤

1. 称样

称取 0.25 g 左右（精确到 0.0001 g）通过（100 目筛子）的风干土样于 100 mL 三角瓶底部，加数滴水使样品湿润，加入 8 mL 浓硫酸于三角瓶中。再加入 0.5 mL 高氯酸于三角瓶中，摇匀，放上和三角瓶匹配的漏斗。

2. 消煮

先将电热板的温度设置到 280 ～ 300 ℃，然后将样品放在电热板上，大约 2 h 左右就可以消解完成，期间要摇晃三角瓶 2 ～ 3 次，使其加速消解。（消煮好的样品应该是奶白色）冷却后的消煮液用水小心的转移到 100 mL 容量瓶中，反复冲洗三角瓶，使三角瓶内混合物全部洗入容量瓶中，然后用水定容，摇匀，用无磷滤纸过滤。同样的方法做空白（不加土样外，其他试剂和样品一致，)。注：如果消解完成后仍然不是奶白色，须再加 10 滴高氯酸继续消解至奶白色。

3. 测定

吸取上述待测液 5 ～ 10 mL（含磷不超过 30 ppm），置于 50 mL 容量瓶中，加水 10 ～ 15 mL，加 1 滴 2，4- 二硝基酚指示剂，用 4 mol/L 氢氧化钠溶液调溶液至黄色，然后用 0.5 mol/L 硫酸溶液调节至溶液刚呈淡黄色，加入 5 mL 钼锑抗显色剂，用水定容，摇匀。30 min 后在分光光度计上，用 1 cm 比色皿，选 700 nm 波长比色。同时做试剂空白试验。注：溶液颜色在 8 h 内可保持稳定。

4. 工作曲线的绘制

分别吸取 5 ppm 磷（P）标准溶液 0 mL、1 mL、2 mL、3 mL、4 mL、5 mL、6 mL 于 50 mL 容量瓶中，加水 10 ～ 15 mL，加 1 滴 2，4- 二硝基酚指示剂，用 4 mol/L 氢氧化钠溶液调溶液至黄色，然后用 0.5 mol/L 硫酸溶液调节至溶液刚呈淡黄色，加入 5 mL 钼锑抗显色剂，用水定容，摇匀。30 min 后在分光光度计上，用 1 cm 比色皿，选 700 nm 波长比色。（溶液颜色在 8 h 内可保持稳定）获得 0 ppm、0.1 ppm、0.2 ppm、0.3 ppm、0.4 ppm、0.5 ppm、0.6 ppm 磷（P）标准系列显色液。用 0 ppm 磷（P）标准系列显色液作参比，调吸收值到零，由低浓度到高浓度测定标准系列显色液的吸收值。在分光光度计上就可看绘制的工作曲线 。（注：先做工作曲线 ，再测定样品。）

2.13.6 结果计算

$$全磷(P,\%)=\frac{C\times V\times t_s}{m\times 10^6}\times 100$$

全五氧化二磷 (P_2O_5，%)= 全磷 (P，%) × 2.29

式中：

C——从工作曲线上查得显色液的磷 ppm 数；

V——显色液体积，50 mL；

t_s——分取倍数，$t_s=\frac{待测液体积\ (mL)}{吸取待测液体积\ (mL)}$

m——烘干土样质量，g；

10^6——将微克换算成克的除数。

2.29——将磷换算成五氧化二磷的系数。

2.13.7 注意事项

（1）要求吸取待测液中含磷 5 ～ 25 ppm，事先可以吸取一定量的待测液，显色后用目测法观察颜色深度，然后估计出应该吸取待测液的毫升数。

（2）钼锑抗法要求显色液中硫酸浓度为 0.23 ～ 0.33 mol/L 。如果酸度小于 0.23 mol/L，虽然显色加快，但稳定时间较短；如果酸度大于 0.33 mol/L，则显色变慢。钼锑抗法要求显色温度为 15 ℃以上，如果室温低于 15 ℃，可放置在 30 ～ 40 ℃的恒温箱中保持 30 min, 取出冷却后比色。

2.13.8 仪器图片

实验用到的仪器如图 2-22 ～图 2-24 所示。

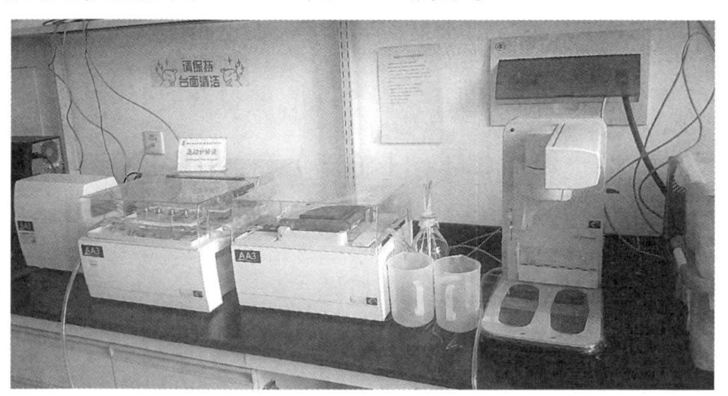

图 2-22　流动分析仪

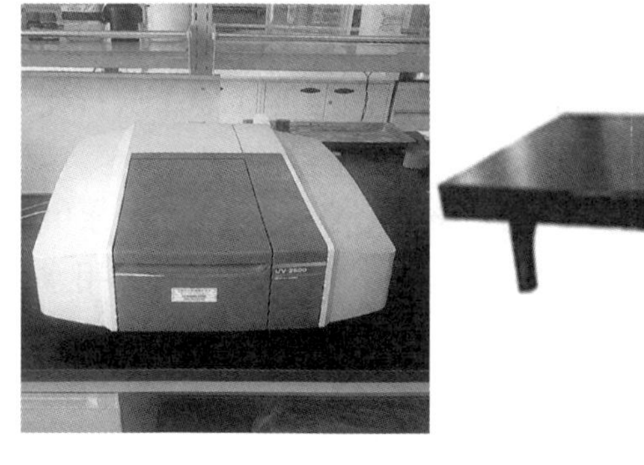

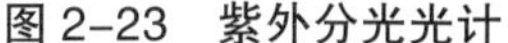

图 2-23　紫外分光光计

图 2-24　恒温电热板

2.14　土壤有效磷的测定

2.14.1　方法依据

NY/T 1121.7—2014 土壤有效磷的测定

2.14.2　方法要点

利用氟化铵—盐酸溶液浸提酸性土壤中有效磷，利用碳酸氢钠溶液中性和石灰性土壤中有效磷，所提取出的磷以钼锑抗比色法测定，计算的出土壤样品的有效磷含量。

2.14.3　主要仪器

紫外 / 分光光度计；恒温振荡机：50 mL 瓶口分液器；50 mL 容量瓶等。

2.14.4　酸性土壤试样（pH<6.5）有效磷的测定

1. 试剂

（1）浓硫酸（密度 1.84 g/mL, 分析纯）。

（2）浓盐酸（密度 1.19 g/mL, 分析纯）。

（3）5% 硫酸溶液：吸取 5 mL 硫酸缓缓加入 90 mL 水中，冷却后用水定容至 100 mL。

（4）钼锑贮存液：

A 溶液：称取 10 g 钼酸铵〔$(NH_4)_6Mo_7O_{24}\cdot 4H_2O$, 分析纯〕溶解解于600 mL水中，缓慢地加入126 mL浓硫酸（密度1.84 g/mL, 分析纯）。注：边加浓硫酸边搅拌。

B 溶液：称取 0.5 g 酒石酸锑钾（分析纯）, 溶解于 100 mL 水中。

当 A 溶液冷却到室温后，将 B 溶液倒入 A 溶液中，最后用水定容至 1 L。避光贮存。

（5）钼锑抗显色剂：称取 1.5 g 抗坏血酸（左旋，旋光度 +21°～22° 溶于 100 mL 硫酸钼锑贮备液中，此溶液现配现用。

（6）二硝基酚指示剂：称取 0.2 g 2, 4– 二硝基酚或 2, 6– 二硝基酚溶于 100 mL 95% 乙醇中。

（7）氨水溶液（1+3）：按 1 mL 氨水 +3 mL 水比例配置。

（8）氟化铵 – 盐酸浸提剂：称取 1.11 g 氟化铵溶于 400 mL 水中，加入 2.1 mL 盐酸，用水定容至 1 L，贮于塑料瓶中。

（9）30 g/L 硼酸溶液：称取 30.0 g 硼酸溶于 950 mL 水中，最后用水定容至 1 L。

（10）100 ppm 磷（P）标准溶液：称取 0.4394 g（在 105 ℃烘干 2 ～ 3 h）的磷酸二氢钾（KH_2PO_4，分析纯）溶解于 800 mL 水中，加 5 mL 浓硫酸（防腐），用水定容到 1 L，浓度为 100 ppm 磷（P），此溶液可以长期保存。

（11）5 ppm 磷（P）标准溶液 : 吸取 100 ppm 磷（P）标准溶液 5 mL 于 100 mL 容量瓶中，用水定容。此溶液为 5 ppm 磷（P）标准溶液，不宜久存，须现用现配。

（12）无磷活性炭：市上有售的就没有必要自己洗了，非常不好脱磷。

2. 操作步骤

有效磷的浸提：称取通过 2 mm 筛孔风干土样 5.00 g 置于 125 mL 塑料广口瓶中，加入一勺无磷活性炭，再加入 50 mL 氟化铵 – 盐酸浸提剂，放在 25 ℃恒温振荡机上，以 220 r/min 振荡 30 min 后。立即用定量滤纸过滤。同时做空白，（不加土样外，其他试剂和样品一致。）

（1）标准曲线绘制

分别吸取 5 ppm 磷（P）标准溶液 0 mL、1 mL、2 mL、4 mL、6 mL、8 mL、10 mL 于 50 mL 容量瓶中，加入 10 mL 氟化铵 – 盐酸浸提剂，加入 10 mL 硼酸溶液，摇匀，加水至 30 mL 左右，加 1 滴 2, 4– 二硝基酚指示剂，用硫酸溶液或氨水溶液调节刚显微黄色，加 5 mL 钼锑抗显色剂，用水定容，摇匀。30 min 后在分光光度计上，用 1 cm 比色皿，选 700 nm 波长比色。（溶液颜色在 8 h 内可保持稳定）获得 0 ppm、0.1 ppm、0.2 ppm、0.4 ppm、0.6 ppm、0.8 ppm、1.0 ppm 磷（P）标准系列显色液。用 0 ppm 磷（P）标准系列显色液作参比，调吸收值到零，由低浓度到高浓度测定标准系列显色液的吸收值。在分光光度计上就可看绘制的工作曲线 。（注：先做工作曲线，再测定样品。）

（2）测定样品

吸取上述待测液 5 ～ 10 mL（含磷不超过 30 ppm），置于 50 mL 容量瓶中，加入 10 mL 硼酸溶液，摇匀，加水至 30 mL 左右，加 1 滴 2，4– 二硝基酚指示剂，用硫酸溶液或氨水溶液调节刚显微黄色，加 5 mL 钼锑抗显色剂，用水定容，摇匀。30 min 后在分光光度计上，用 1 cm 比色皿，选 700 nm 波长比色。同时做试剂空白试验。注：溶液颜色在 8 h 内可保持稳定。

2.14.5　中性、石灰性土壤试样（pH ≥ 6.5）有效磷的测定

1. 试剂

（1）4 mol/L 的氢氧化钠溶液：称取 160 g 氢氧化钠溶解于 1 L 水中。

（2）0.5 mol/L 碳酸氢钠溶液：称取 42.0 g 碳酸氢钠溶解于 900 mL 水中，以 4 mol/L 氢氧化钠溶液调节 pH 至 8.5，再用水定容至 1 L。(此溶液不易长时间贮存，最好一周之内用完。)

（3）钼锑贮存液：

A 溶液：称取 10 g 钼酸铵〔$(NH_4)_6Mo_7O_{24}\cdot 4H_2O$, 分析纯〕溶解解于 800 mL 水中，缓慢地加入 181 mL 浓硫酸(密度 1.84 g/mL, 分析纯)。注：边加浓硫酸边搅拌。

B 溶液：称取 0.3 g 酒石酸锑钾（分析纯）, 溶解于 100 mL 水中。

当 A 溶液冷却到室温后，将 B 溶液倒入 A 溶液中，最后用水定容至 2 L。避光贮存。

（4）钼锑抗显色剂：称取 0.5 g 抗坏血酸（分析纯）溶解于 100 mL 钼锑贮存液中。此溶液须现用现配。

（5）100 ppm 磷（P）标准溶液：称取 0.4394 g(在 105 ℃烘干 2 ～ 3 h)的磷酸二氢钾（KH_2PO_4，分析纯）溶解于 800 mL 水中，加 5 mL 浓硫酸（防腐），用水定容到 1 L。浓度为 100 ppm 磷（P），此溶液可以长期保存。

（6）5 ppm 磷（P）标准溶液：吸取 100 ppm 磷（P）标准溶液 5 mL 于 100 mL 容量瓶中，用水定容。此溶液为 5 ppm 磷（P）标准溶液，不宜久存，须现用现配。

（7）无磷活性炭：市上有售的就没有必要自己洗了，非常不好脱磷。

2. **操作步骤**

（1）有效磷的浸提：称取通过 2 mm 筛孔风干土样 2.50 g 置于 125 mL 塑料广口瓶中，加入一勺无磷活性炭，再加入 50 mL 0.5 mol/L 碳酸氢钠溶液，放在 25 ℃恒温振荡机上，以 220 r/min 振荡 30 min 后。立即用定量滤纸过滤。同时做空白（不加土样外，其他试剂和样品一致）。

（2）标准曲线绘制：分别 吸取 5 ppm 磷（P）标准溶液 0 mL、0.5 mL、1 mL、2 mL、3 mL、4 mL、5 mL 于 25 mL 容量瓶中，加入 10 mL 0.5 mol/L 碳酸氢钠溶液，钼锑抗显色剂 5 mL，边加边慢慢摇动，再放入超声波清洗器中超声 10 min 逐净 CO_2 后，用水定容，摇匀。30 min 后在分光光度计上，用 1 cm 比色皿，选 880 nm 波长比色。（溶液颜色在 8 h 内可保持稳定）获得 0 ppm、0.1 ppm、0.2 ppm、0.4 ppm、0.6 ppm、0.8 ppm、1.0 ppm 磷（P）标准系列显色液。用 0 ppm 磷（P）标准系列显色液作参比，调吸收值到零，由低浓度到高浓度测定标准系列显色液的吸收值。在分光光度计上就可看绘制的工作曲线 。注：先做工作曲线，再测定样品。

（3）测定样品：吸取上述待测液 10 mL（含磷不超过 30 ppm），置于 50 mL 塑料离心管中，缓慢加入 5 mL 钼锑抗显色剂，边加边慢慢摇动，排除 CO_2 后，准确加入 10 mL 水，充分摇匀，再放入超声波清洗器中超声 10 min 逐净 CO_2，在室温高于 20 ℃条件下静置 30 min 后在分光光度计上，用 1 cm 比色皿，选 880 nm 波长比色。同时做试剂空白试验。（若测定的磷质量浓度超出标准曲线范围，应吸取较少量的待测液，并用 0.5 mol/L 碳酸氢钠溶液补足至 10.00 mL 后重新比色测定）注：溶液颜色在 8 h 内可保持稳定。

2.14.6 结果计算

有效磷含量 W_P（mg/kg），按下式计算：

$$\text{有效磷}W_P(\text{mg}/\text{kg}) = \frac{(C - C_0) \times V \times t_s}{m}$$

式中：

W_P——有效磷的含量，mg/kg；

C——从工作曲线上查得试样显色液的浓度，μg/mL；

C_0——从工作曲线上查得空白试样显色液的浓度，μg/mL；

V——显色液体积，mL；

t_s——分取倍数，试样浸提剂体积与分取体积之比；

m——烘干土样质量，g；

2.14.7 注意事项

（1）振荡机有两种：一是往复振荡机是需要 200 r/min 就可以，二是回旋振荡机是需要 220 r/min 即可。必须使用能控制温度的振荡机。

（2）无磷活性炭是起到脱色作用，如果样品没有脱色完全，可以过滤结束后，再把浸出液倒入 125 mL 广口瓶中，加入一大勺无磷活性炭，摇匀后，再次过滤即可。

（3）待测液：要在 24 h 内测定。

（4）测定时采用紫外 - 可见分光光度计于 880 nm 处比色，由于此处波长浸出的有机质已基本吸收，浸提时可不加活性炭脱色。

（5）用碳酸氢钠溶液浸提有效磷时，温度影响较大，应严格控制浸提温度。

2.14.8 仪器图片

实验用到的仪器如图 2-25 ～图 2-26 所示。

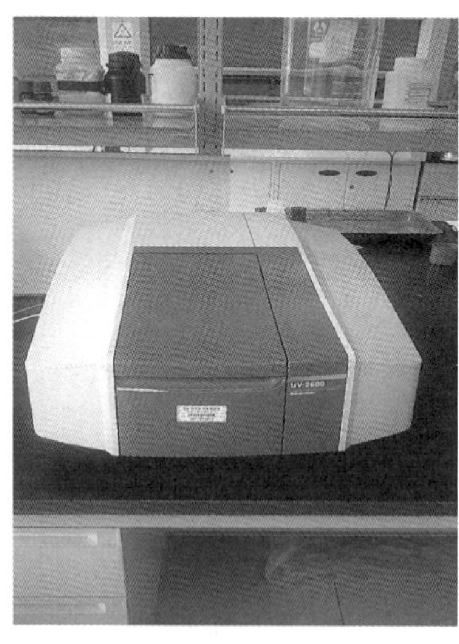

图 2-25 紫外分光光度计

图 2-26 恒温振荡机

2.15 土壤水分测定方法

2.15.1 方法依据

NY/T 52—1987 土壤水分的测定

2.15.2 方法要点

土壤样品在 105 ℃ ±2 ℃烘至恒重时的失量，即为土壤样品所含水的质量。

2.15.3 仪器、设备

（1）土钻；

（2）土壤筛：孔径 1 mm；

（3）铝盒：小型的直径约 40 mm，高约 20 mm，大型的直径约 55 mm，高约 28 mm；

（4）分析天平：感量为 0.0001 g 和 0.01 g；

（5）电热鼓风干燥箱；

（6）干燥器：内有变色硅胶。

2.15.4 试样的选取和制备

1. 风干土样

选取有代表性的风干土壤样品，压碎，通过 1 mm 筛，混合备用。

2. 新鲜土样

在田间用土钻取有代表性的新鲜土样，刮去土钻中的上部浮土，将土钻中部所需深度处的土壤约 20 g，捏碎后迅速装入已知准确质量的大型铝盒内，盖紧，装入木箱或其他容器，带回室内，将铝盒外表擦拭干净，立即称重，尽快测定水分。

2.15.5 操作步骤

1. 风干土样水分的测定

取小型铝盒在 105 ℃恒温箱中烘烤约 2 h，移入干燥器内冷却至室温，称重，准确至 0.0001 g。用称量勺将风干土样搅匀，称取约 5 g 土样，均匀地平铺在铝盒中，盖好，称重，精确至 0.0001 g。将铝盒盖揭开，放在铝盒底下，置于已预热至 105 ℃ ±2 ℃的烘箱中烘烤 6 h。取出，盖好，移入干燥器内冷却至室温（约需 20 min），立即称重。风干土样水分的测定应做两份平行测定。

2. 新鲜土样水分的测定

将盛有 20 g 新鲜土样的大型铝盒在分析天平上称重，准确至 0.01 g。将铝盒盖揭开，放在铝盒底下，置于已预热至 105 ℃ ±2 ℃的烘箱中烘烤 12 h。取出，盖好，移入干燥器内冷却至室温（约需 30 min），立即称重。新鲜土样水分的测定应做三份平行测定。

注：烘烤规定时间后一次称重，即达“恒重”。

2.15.6 结果计算

$$\text{水分（分析基）},\% = \frac{m_1 - m_2}{m_1 - m_0} \times 100$$

$$\text{水分（干基）},\% = \frac{m_1 - m_2}{m_2 - m_0} \times 100$$

式中：

m_0——烘干空铝盒质量，g；

m_1——烘干前铝盒及土样质量，g；

m_2——烘干后铝盒及土样质量，g。

计算注意：

（1）平行测定的结果用算术平均值表示，保留小数后一位。

（2）平行测定的结果的相差，水分小于 5% 的风干土样不得超过 0.2%，水分为 5% ～ 25% 的潮湿土样不得超过 0.3%，水分大于 15% 的大粒（粒径 10 mm）粘重潮湿土样不得超过 0.7%（相当于相对相差不大于 5%）。

2.15.7 注意事项

本标准用于测定除石膏性土壤和有机土（含有机质 20% 以上的土壤）以外的各类土壤的水分含量。

2.15.8 仪器图片

实验用到的仪器如图 2-27 ～图 2-28 所示。

图 2-27 电热鼓风干燥箱（烘箱）

图 2-28 铝盒

2.16　土壤速效钾测定方法

2.16.1　方法依据

LY/T 1236—1999　土壤速效钾的测定

2.16.2　方法要点

以中性 1 mol/L 乙酸铵溶液为浸提剂，铵离子与土壤胶体表面的钾离子进行交换，连同水溶性钾离子一起进入溶液。浸出液中的钾可直接用电感耦合等离子发射光谱仪（ICP-OES）进行定量分析。本方法测定结果在非石灰性土壤中为交换性钾，而在石灰性土壤中则为交换性钾加水溶性钾。

2.16.3　仪器、设备

电感耦合等离子发射光谱仪（ICP-OES）、容量瓶（50 mL）。

2.16.4　试剂

（1）浸提剂（1 mol/L 乙酸铵溶液，pH7.0）

称取 77.1 g 乙酸铵（CH_3COONH_4, 分析纯）溶于近 1 L 水中，如 pH 不是 7，则用稀乙酸或氢氧化铵调节至 pH7.0，最后用水定容至 1 L。该溶液不宜久放。

（2）钾标准溶液

称取 0.1907 g 氯化钾（分析纯，110 ℃烘干 2 h）溶解于 1 mol/L 乙酸铵溶液中，并用 1 mol/L 乙酸铵溶液定容至 1 L，即为含 100 μg/mL 钾（K）的乙酸铵溶液，用时分别吸取此 100 μg/mL 钾（K）的乙酸铵溶液 0 mL、1 mL、2.5 mL、5 mL、10 mL、20 mL 于 50 mL 容量瓶中，用 1 mol/L 乙酸铵溶液定容，获得 0 μg/mL、2 μg/mL、5 μg/mL、10 μg/mL、20 μg/mL、40 μg/mL 钾（K）标准系列溶液。

2.16.5　操作步骤

称取 5.0 g(精确到 0.01 g）通过 2 mm 筛孔的风干土样于 125 mL 塑料

广口瓶中，加入 1 mol/L 乙酸铵溶液 50 mL，盖上盖，放在振荡机上，以 220 r/min 振荡 30 min 后。立即用定量滤纸过滤。滤液直接供 ICP 发射光谱测钾用。

2.16.6　结果计算

$$W_{K} = \frac{C \times V}{m}$$

式中：

W_K——速效钾（K）含量，mg/kg；

C——从工作曲线上查得测读液钾的浓度，μg/mL；

V——浸提剂体积，50 mL；

m——烘干土壤质量，g。

2.16.7　注意事项

（1）乙酸铵提取剂必须是中性。加入乙酸铵溶液于土样后，不宜放置过久，否则可能有一部分矿物钾转入溶液中，使速效钾量偏高。

（2）滤液要尽快上机测试，不要超过 48 h。滤液长时间放置后，在测定结果会偏高。

2.16.8　仪器图片

实验用到的仪器如图 2-29 ～图 2-30 所示。

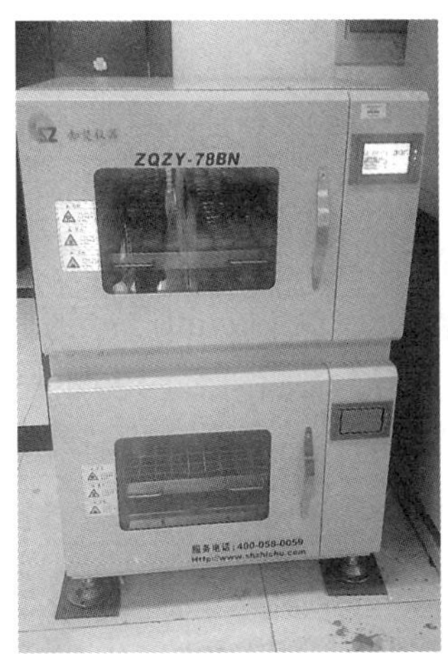

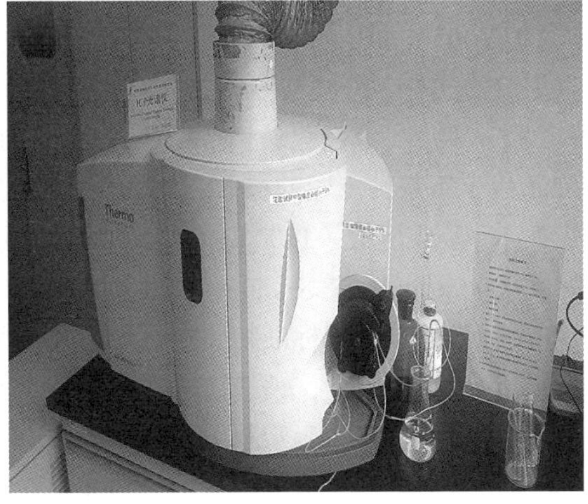

图 2-29　恒温振荡机（摇床）　图 2-30　电感耦合等离子发射光谱仪（ICP-OES）

2.17 土壤中交换钾、钠、钙、镁、锰测定方法

2.17.1 方法依据

《土壤分析技术规范（第二版）》

邢雁，朱丽琴，张红艳.EDTA-乙酸铵浸提ICP-OES法直接测定土壤中的交换性钾钠钙镁锰[J].安徽农业科学，2010,38(28):15694-15695.

2.17.2 方法要点

以0.005 mol/L的EDTA-1 mol/L乙酸铵混合溶液作为交换提取剂，增强了浸提液的交换络合能力，使其在瞬间形成解离度很小而稳定性大的络合物，且不会破坏土壤胶体，并且由于NH_4^+的存在，使得钾、钠、钙、镁、锰被交换出来。浸出滤液可直接用电感耦合等离子发射光谱仪（ICP-OES）进行定量分析。

2.17.3 仪器设备

电感耦合等离子发射光谱仪（ICP-OES）、塑料容量瓶（100 mL）。

2.17.4 试剂

（1）0.005 mol/L的EDTA-1 mol/L乙酸铵混合溶液：称取77.1 g乙酸铵（CH_3COONH_4，分析纯）及1.461 g乙二胺四乙酸溶于近1 L水中，则用稀乙酸和1：1氢氧化铵调节至pH7.0（用于酸性和中性土壤的提取）或pH8.5（用于石灰性土壤的提取），最后用水定容至1 L。

（2）钾标准溶液（1000 μg/mL）；钠标准溶液（1000 μg/mL）；钙标准溶液（1000 μg/mL）；镁标准溶液（1000 μg/mL）；锰标准溶液（100 μg/mL）以上5种标准溶液国家标准物质中心处购买，不需要自己配制。用时分别吸取此100 μg/mL钾、钠、钙、镁、锰标准溶液0 mL、1 mL、2.5 mL、5 mL、10 mL、20 mL于100 mL塑料容量瓶中，0.005 mol/L的EDTA-1 mol/L乙酸铵混合溶液定容，获得0 μg/mL、1 μg/mL、2.5 μg/mL、5 μg/mL、10 μg/mL、20 μg/mL钾、钠、钙、镁、锰标准系列溶液。

2.17.5 操作步骤

称取 2.0 g(精确到 0.01 g) 通过 2 mm 筛孔的风干土样于 125 mL 塑料广口瓶中，加入 0.005 mol/L 的 EDTA–1 mol/L 乙酸铵混合溶液 50 mL，加盖，以 220 r/min 振荡 30 min 后。立即用定量滤纸过滤。滤液可同时用于测定交换性钙、镁、钾、钠和锰。上述滤液用电感耦合等离子发射光谱仪（ICP–OES）直接测定。

注：仪器条件（波长）

Ca：317.9 nm　Mg：285.2 nm　Na：589.5 nm　K：766.4 nm　Mn：257.6 nm。

2.17.6 结果计算

$$交换性钾(钠、钘、镁、锰)\ mg/kg = \frac{C \times V \times D}{m}$$

式中：

C——从工作曲线上查得测定液钾、钠、钙、镁、锰的质量浓度，μg/mL；

V——浸提剂体积，50 mL；

D——浸提液稀释倍数；

m——烘干土壤质量，g。

2.17.7 注意事项

滤液要尽快上机测试，不要超过 48 h。滤液长时间放置后，再测定结果会偏高。

2.18 土壤有效态铜、锌、铁、锰测定方法

2.18.1 方法依据

土壤分析技术规范（第二版）土壤有效态铜、锌、铁、锰测定方法（DTPA 浸提 –ICP 法）

2.18.2 方法要点

用 pH7.3 的 DTPA–TEA–$CaCl_2$ 缓冲溶液作为浸提剂，螯合浸提出土壤中有效态锌、锰、铜、铁，用电感耦合等离子发射光谱仪（ICP–OES）法测定。其中 DTPA 为螯合剂，氯化钙能防止石灰性土壤中游离碳酸钙的溶解，避免因碳酸钙所包蔽的锌、铁等元素释放而产生的影响。三乙醇胺作为缓冲剂，能使溶液 pH 保持 7.3 左右，对碳酸钙溶解也有抑制作用。

2.18.3 适用范围

本方法适用于 pH 大于 6 的土壤有效态铜、锌、铁、锰的测定，其他土壤也可参照使用。

2.18.4 仪器、设备

电感耦合等离子发射光谱仪（ICP–OES）；酸度计；恒温振荡机。

2.18.5 试剂

DTPA 浸 提 剂 [c（DTPA）=0.005 mol/L，c（$CaCl_2$）=0.01 mol/L，c（TEA）=0.1 mol/L，pH7.30]：称取 1.967 g 二乙三胺五乙酸（DTPA），溶于 14.92 g(约 13.3 mL）三乙醇胺（TEA）和少量水中；再将 1.47 g 氯化钙（$CaCl_2 \cdot 2H_2O$）溶于水后，一并转入 1 L 烧杯中，加水至约 950 mL；在酸度计上用 1 ∶ 1 盐酸溶液和 1 ∶ 1 氨水溶液调节 pH 至 7.3，移入 1 L 容量瓶中，最后用水定容至 1 L，贮于塑料瓶中。此溶液可保存几个月，但用前需校准 pH。

2.18.6 标准曲线

铜标准溶液（100 μg/mL）；锌标准溶液（100 μg/mL）；铁标准溶液（100 μg/mL）；锰标准溶液（100 μg/mL）以上 4 种标准溶液国家标准物质中心处购买，不需要自己配制。用时分别吸取此 100 μg/mL 铜、锌、铁、锰标准溶液 0 mL、0.50 mL、1.00 mL、2.00 mL、3.00 mL、4.00 mL、5.00 mL 于 100 mL 容量瓶中，用 DTPA 浸提剂溶液定容，获得 0 μg/mL、0.50 μg/mL、1.00 μg/mL、2.00 μg/mL、3.00 μg/mL、4.00 μg/mL、5.00 μg/mL 铜、锌、铁、锰标准系列溶液。

2.18.7 操作步骤

称取 10.0 g(精确到 0.01 g)通过 2 mm 尼龙筛孔的风干土样于 125 mL 塑料广口瓶中，加入 25 ℃ ±2 ℃的 DTPA 浸提剂 20 mL，加盖，在 25 ℃ ±2 ℃的条件下，以 220 r/min 振荡 2 h 后。立即用定量滤纸过滤。(滤液在 48 h 内完成测定)滤液可同时用于有效态铜、锌、铁、锰测定。上述滤液用电感耦合等离子发射光谱仪（ICP-OES）直接测定。

2.18.8 结果计算

$$\text{有效铜(锌、铁、锰)}\ \text{mg/kg} = \frac{C \times V \times D}{m}$$

式中：

C——从工作曲线上查得测定液中铜、锌、铁、锰的质量浓度，μg/mL；

V——浸提剂体积，mL；

D——浸提液稀释倍数；

m——烘干土壤质量，g。

2.18.9 注意事项

（1）标准溶液系列的配置可根据溶液中待测元素含量高低适当调整。

（2）滤液要尽快上机测试，不要超过 48 h。滤液放置长时间放置后，在测定结果会偏高。

（3）DTPA 提取是一个非平衡体系提取，因而提取条件必须标准化。包括土样的粉碎程度、振荡时间、振荡强度、提取液的酸度、提取温度等。DTPA 提取液的 pH 应严格控制在 7.3，为了准确控制提取液的酸度，在调节溶液 pH 时使用酸度计校准。

（4）测试时若需要稀释，应用 DTPA 提取剂稀释，以保持基本一致，并在计算时乘上稀释倍数。

（5）如果测定需要的试液数量较大，则可称取 15.00 g 或 20.00 g 试样，但应保持土液比为 1 ： 2，同时浸提使用的容器应足够大，确保充分振荡。

（6）所用玻璃器皿应事先在 10% HNO_3 溶液中浸泡过夜，洗净后备用。

2.19 土壤有效养分的联合浸提测定

2.19.1 方法依据

《土壤分析技术规范（第二版）》土壤有效养分的联合浸提测定（试用）

2.19.2 方法要点

1982 年，Mehllch 博士及其小组经过较为系统的研究后提出了 Mehllch 3 浸提剂。该法于 1984 年在国际刊物上正式发表。

Mehllch 3（简称 M3）浸提剂组成：0.2 mol/L HOAc, 0.25 mol/L NH_4NO_3, 0.015 mol/L NH_4F, 0.013 mol/L HNO_3, 0.001 mol/L EDTA (pH2.5 ± 0.1)。

该浸提剂中的 0.2 mol/L HOAc–0.25 mol/L NH_4NO_3 形成了 pH2.5 的强缓冲体系，并可浸提出交换性 K、Ca、Mg、Na、Mn、Zn 等阳离子；0.015 mol/L NH_4F–0.013 mol/L HNO_3 可调控 P 从 Ca、Al、Fe 无机磷源中的解析；0.001 mol/L EDTA 可浸提出螯合态 Cu、Zn、Mn、Fe 等。因此，从原理上来看，Mehllch 3 浸提剂与其他元素的常规浸提剂相比具有以下特点：（1）含有 NH_4F，其浸提原理与 Bray1 相似；乙酸可浸提大部分土壤中的有效磷；（2）比 Mehllch 1 浸提中性和碱性土壤中的磷的能力强，因为乙酸能形成强的缓冲体系，可减少在浸提 pH 较高的土壤过程中，因为与其的 Ca 反应而消耗酸，造成结果错误。（3）在大部分土壤上，与作物的养分吸收量均有较好的相关关系，能反映出土壤养分的供应能力。（4）效率高，便于自动化（如结合 ICP 可同时测定多种元素）。所以 Mehllch 3 具有了前两种浸提剂所没有的优点，一经提出，备受人们的关注。经历 30 多年的研究，Mehllch 3 浸提剂成为测定土壤有效养分的重要方法。

2.19.3 适用范围

Mehllch 3 浸提剂适用于酸性、中性土壤有效磷、钾、钙、镁、铁、锰、铜、锌、硼等多种养分的浸提，石灰性土壤也可参照使用。

2.19.4 仪器、设备

电感耦合等离子发射光谱仪（ICP-OES）；恒温振荡机。

2.19.5 试剂

（1）硝酸铵（NH_4NO_3）。

（2）氟化铵（NH_4F）。

（3）冰乙酸（CH_3COOH=99.5%）。

（4）硝酸（HNO_3=68% ～ 70%）。

（5）乙二铵四乙酸：[（$HOOCCH_2$）$_2NCH_2CH_2N$（CH_2COOH）$_2$，即EDTA]。

（6）Mehllch 3 贮存液 [c（NH_4F）=3.75 mol/L+c（EDTA）=0.25 mol/L]：称取氟化铵 138.9 g 溶于约 600 mL 水中，摇动，再加入乙二铵四乙酸（EDTA）73.1 g，溶解后定容至 1 L，充分混匀后贮存于塑料瓶中（在冰箱内保存可长期使用），可供 5000 个样次使用，如工作量不大按比例减少贮备液数量。

（7）Mehllch 3 浸提剂：加入 2 L 水于 5 L 带刻度塑料烧杯中，称取硝酸铵 100.0 g，使之溶解，加入 20 mL Mehllch 3 贮存液，再加入冰乙酸 57.5 mL 和浓硝酸 4.1 mL，加水稀释至 5 L，充分混合均匀。此溶液应为 pH2.5 ± 0.1，贮于塑料瓶中备用（可供 100 个样次使用）。

2.19.6 操作步骤

称取 5.0 g(精确到 0.01 g）通过 2 mm 尼龙筛孔的风干土样于 125 mL 塑料广口瓶中，加入 25 ℃ ± 2 ℃的 M3 浸提剂 50 mL，加盖，在 25 ℃ ± 2 ℃的条件下，以 220 r/min 振荡 5 min 后。立即用定量滤纸过滤。滤液可同时用于有效养分的测定。上述滤液用电感耦合等离子发射光谱仪（ICP-OES）直接测定。同时做空白（不加土壤外，其他试剂和样品一致）。

标准曲线：P、K、Na、Ca、Mg、S、Fe、Mn、Cu、Zn、B 等元素标准溶液（国家标准物质中心处购买，不需要自己配制）稀释后获得。（详见102 页）

2.19.7 结果计算

$$某土壤有效养分(mg / kg) = \frac{C \times V \times D}{m}$$

式中：

C——从工作曲线上查得测定液某土壤有效养分的质量浓度，μg/mL；

V——浸提剂体积，mL；

D——浸提液稀释倍数；

m——烘干土壤质量，g。

2.19.8 注意事项

（1）所以器皿都用塑料材质的，所以有器皿用约 5% 硝酸溶液浸泡过夜，洗净后备用。

（2）滤液直接用（ICP）同时测定有效 P、K、Na、Ca、Mg、S、Fe、Mn、Cu、Zn、B 等多种元素。

（3）如果浸出液浑浊，可放在 15 mL 离心管中静置过夜，再测定上清液。

有效态标准曲线的配比方法如表 2–8 所示。

表 2–8 标准曲线的配比方法

编号	元素	标准溶液 /（μg/mL）	标准系列溶液 1		标准系列溶液 2		标准系列溶液 3	
			ppm	mL	ppm	mL	ppm	mL
1	钾 (K)	1000	2	0.2	10	1	30	3
2	钙（Ca）	1000	5	0.5	50	5	100	10
3	钠 (Na)	1000	0.5	0.05	1	0.1	2	0.2
4	镁 (Mg)	1000	5	0.5	10	1	20	2
5	铁（Fe）	100	1	1	2	2	5	5
6	锰 (Mn)	100	1	1	2	2	5	5
7	铜 (Cu)	100	0.05	0.05	0.1	0.1	0.5	0.5
8	锌 (Zn)	100	0.05	0.05	0.1	0.1	0.5	0.5

续　表

编号	元素	标准溶液 / (μg/mL)	标准系列溶液 1		标准系列溶液 2		标准系列溶液 3	
			ppm	mL	ppm	mL	ppm	mL
10	磷 (P)	100	1	1	3	3	5	5
11	硫 (S)	100	1	1	3	3	5	5
12	硼 (B)	100	0.1	0.1	0.5	0.5	2	2

注：定容 100 mL 容量瓶，用 M3 浸提剂定容。

特别注意：

（1）硫（S）、磷 (P)：需要单独配制。

（2）钠（Na）、硼 (B)：一定要用塑料容量瓶。

（3）根据自己样品的含量多少，可以增加或减少标准曲线浓度，样品测定浓度尽量控制在标准曲线浓度范围内。

2.20　土壤阳离子交换量的测定

2.20.1　方法依据

《土壤分析技术规范（第二版）》土壤阳离子交换量测定

2.20.2　方法要点

以 0.005 mol/L 的 EDTA–1 mol/L 乙酸铵混合溶液作为交换提取剂，在适宜 pH 条件下（酸性、中性土壤用 pH7.0，石灰性土壤用 pH8.5）与土壤吸收性复合体的 Ca^{2+}、Mg^{2+}、Al^{3+} 等交换，在瞬间形成解离度很小而稳定性大的络合物，且不会破坏土壤胶体。由于 NH_4^+ 的存在，交换性 H^+、K^+、Na^+ 也能交换完全，形成铵质土。通过使用 95% 乙醇洗去过剩铵盐，以蒸馏法蒸馏，用标准酸溶液滴定氨量，即可计算出土壤阳离子交换量。

2.20.3　适用范围

本方法适用于各类土壤阳离子交换量的测定。

2.20.4 仪器、设备

离心机：转速 3000 ～ 5000 r/min；凯氏定氮仪；消化管（与定氮仪配套）；50 mL 离心管；多管混匀仪。

2.20.5 试剂

（1）0.005 mol/L 的 EDTA–1 mol/L 乙酸铵混合溶液：称取 77.1 g 乙酸铵（CH_3COONH_4，分析纯）及 1.461 g 乙二胺四乙酸溶于近 1 L 水中，则用稀乙酸和 1 ∶ 1 氢氧化铵调节至 pH7.0（用于酸性和中性土壤的提取）或 pH8.5（用于石灰性土壤的提取），最后用水定容至 1 L。

（2）95% 乙醇（须无铵离子）。

（3）2% 硼酸溶液：称取 20 g 硼酸溶于水中，用水定容至 1 L。

（4）氧化镁：将氧化镁在马弗炉中经 600 ℃灼烧 0.5 h，冷却后贮存于密闭的玻璃瓶中。

（5）0.05 mol/L 盐酸溶液：吸取浓盐酸 4.17 mL 溶于 500 mL 水中，定容至 1 L。

（6）pH10 缓冲溶液：称取 33.75 g 氯化铵溶于 150 mL 无 CO_2 水中，加新开瓶的浓氨水（密度 0.90）285 mL，用无 CO_2 水定容至 500 mL。

（7）钙镁混合指示剂：称取 0.5 g 酸性铬蓝 K 与 1.0 g 萘酚绿 B，加 100 g 氯化钠，在玛瑙研钵中充分研磨混匀，贮于棕色玻璃瓶中备用。

（8）甲基红 – 溴甲酚绿混合指示剂：称取 0.5 g 溴甲酚绿和 0.1 g 甲基红溶于 100 mL 95% 乙醇中。（使用超声波清洗器溶解）

（9）纳氏试剂：称取 10.0 g 碘化钾溶于 5 mL 水中，另称取 3.5 g 二氯化汞溶于 20 mL 水中（加热溶解），将二氯化汞溶液慢慢倒入碘化钾溶液中，边加边搅拌，直至出现微红色的少量沉淀为止。然后加 70 mL 氢氧化钾溶液（KOH=300 g/L），并搅拌均匀，再滴加二氯化汞溶液至出现红色沉淀为止。搅匀，静置过夜，倾出清液贮于棕色瓶中，放置暗处保存。

（10）0.0200 mol/L 的 1/2 $Na_2B_4O_7$（硼砂）标准溶液：称取 1.9068 g 硼砂（$Na_2B_4O_7 \cdot 10H_2O$，需使用实验室干燥器中平衡好的），溶于水中，移入 500 mL 容量瓶中，用水定容。

（11）标定液：用移液器准确吸取 10 mL 0.02 mol/L 硼砂标准溶液 2 ～ 3 份于 150 mL 三角瓶中，分别加 3 ～ 4 滴甲基红 – 溴甲酚绿混合指示剂，用于标定盐酸标准溶液浓度。

注：标定盐酸酸标准溶液浓度计算公式：

$$C = \frac{0.02 \times V}{V_1}$$

式中：

C——盐酸精确浓度，mol/L；

0.02——0.02 mol/L 硼砂标准溶液浓度，mol/L；

V——吸取 0.02 mol/L 硼砂标准溶液体积，mL；

V_1——滴定 0.02 mol/L 硼砂标准溶液所用去的盐酸溶液的体积，mL。

2.20.6 操作步骤

称取 2.0 g（精确到 0.01 g）通过 2 mm 孔径筛的风干土样于 50 mL 塑料离心管中，准确加入 EDTA－乙酸铵混合溶液 35 mL，盖好盖，放在多管混匀仪上，混匀 2 min。然后放入离心机中，以 3000 r/min 转速离心 3～5 min。弃去 EDTA－乙酸铵混合清液，如此反复 2～3 次。（如果需要测交换性盐基组成时，则将离心后的清液收集于 100 mL 容量瓶中，用 EDTA－乙酸铵混合溶液定容，作为交换性钾、钠、钙、锰的待测液。）

向载有样品的离心管中，准确加入 35 mL 95% 乙醇，盖好盖，放在多管混匀仪上，混匀 2 min。然后放入离心机中，以 3000 r/min 转速离心 3～5 min。弃去乙醇清液，如此反复 3～4 次，洗至无铵离子为止（以纳氏试剂检查）。

向管内加入少量水，盖上盖，用混匀仪混匀 10 s，并无损洗入消化管中，洗入体积控制在 60 mL 左右。在蒸馏前向消化管内加入 1 g 氧化镁，立即将消化管置于定氮仪上蒸馏，以 0.05 mol/L 盐酸溶液滴定（具体操作按定氮仪使用说明规定）。

2.20.7 结果计算

$$\textbf{阳离子交换量}, \mathrm{cmol(+)/kg} = \frac{C \times \left(V - V_0\right)}{m \times 10} \times 1000$$

式中：

C——盐酸标准溶液浓度，mol/L；

V——滴定样品待测液所耗盐酸标准溶液体积，mL；

V_0——滴定空白样品待测液所耗盐酸标准溶液体积，mL；

10——将 mmol 换算成 cmol 的倍数；

m——烘干土壤质量，g；

1000——换算成每千克中的 cmol。

2.20.8 注意事项

（1）蒸馏时使用氧化镁而不用氢氧化钠，因后者碱性强，能水解土壤中部分有机氮素成铵态氮，致使结果偏高。

（2）检查钙离子的方法：取澄清液约 20 mL 于三角瓶中，加 pH10 缓冲液 3.5 mL，摇匀，再加数滴钙镁指示剂混合，如呈蓝色，表示无钙离子，如呈紫红色，表示有钙离子存在。

（3）95% 乙醇必须预先做铵离子检验，需无铵离子。

（4）用乙醇洗剩余的铵离子时，一般三次即可，但洗个别样品时可能出现浑浊现象，应增大离心机转速，使其澄清。

2.21 土壤阳离子交换量测定方法

2.21.1 方法依据

LY/T 1243—1999 森林土壤阳离子量测定方法

2.21.2 方法要点

用 1 mol/L 乙酸铵溶液（pH7.0）反复处理土壤，使土壤成为 NH_4^+ 饱和土。用乙醇洗去多余的乙酸铵后，用水将土壤洗入凯氏瓶中，加固体氧化镁蒸馏。蒸馏出的氨用硼酸溶液吸收，然后用盐酸标准溶液滴定。根据 NH_4^+ 的量计算阳离子交换量。本方法适用于酸性与中性森林土壤阳离子量测定。

2.21.3 试剂和试剂配制

（1）1 mol/L 乙酸按溶液 (pH7.0): 称取 77.09 g 乙酸铵，用水溶解并稀释至近 1 L。必要时用 1 ： 1 氨水或稀乙酸调节至 pH=7，然后用水定容至 1L。

（2）95% 乙醇溶液(工业用，必须无铵离子)。

（3）氧化镁（化学纯）。

（4）20 g/L 硼酸溶液 :20 g 硼酸溶于 1L 蒸馏水中。

（5）甲基红—溴甲酚绿混合指示剂 : 将 0.066 g 甲基红和 0.099 g 溴甲酚绿于玛瑙研钵中，加少量 95% 乙醇，研磨至指示剂完全溶解为止，最后加 95% 乙醇至 100 mL。(有超声波仪器，可以用超声波溶解。)

（6）0.025 mol/L 盐酸标准溶液 : 吸取 2 mL 浓盐酸 (ρ=1.19 g/mL) 用水适量稀释，然后加水定容至 1 L，再用无水碳酸钠标定。

2.21.4 仪器设备

土壤筛：孔径 1 mm；离心管；天平：精度为 0.0001 g；离心机：3000 ～ 4000 r/min；混匀仪。

2.21.5 操作步骤

（1）称取通过 1 mm 筛孔的风干样 2.00 g，质地较轻土壤称 5.00 g，放入 50 mL 离心管中，沿壁加入 1 mol/L 乙酸铵溶液 40 mL，放在多管混匀仪上，混匀 2 min。

（2）将离心管对称放入电动离心机中，离心（3 ～ 5 min），转速 3000 ～ 4000 r/min，每次离心后的清液收集在废液桶中，如此用乙酸铵溶液处理 2 ～ 3 次，直到浸出液中无钙离子反应为止。

（3）往载土的离心管中加入 40 mL 95% 的乙醇，放在多管混匀仪上，混匀 2 min。以便洗去土粒表面多余的乙酸铵，然后将离心管成对称放入离心机中，离心（3 ～ 5 min），转速 3000 ～ 4000 r/min，如此反复用乙醇洗 2 ～ 3 次，直至最后一次乙醇清液，无铵离子为止。

（4）洗去多余的铵离子后，先用水冲洗离心管外壁，再往离心管中加入少量水，并搅拌成糊状，再用水将泥浆洗入凯氏瓶中，并用橡皮头玻璃棒擦洗离心管内壁，使全部土样转入凯氏瓶中，洗入水的体积应控制在 50 ～ 80 mL，蒸馏前往凯氏瓶内加入 1 g 左右氧化镁。立即把凯氏瓶装在蒸馏装置上。

（5）将盛有 20 mL 的 20 g/L 硼酸溶液和 3 滴混合指示剂的接收瓶，放入蒸馏装置中进行蒸馏后，待蒸馏体积达 80 mL 后，取下接收瓶，用 0.025 mol/L 盐酸标准溶液滴定，并记录用量。

2.21.6 结果计算

土壤中阳离子含量以 CEC cmol（+）/kg 表示，按下式计算：

$$\mathrm{CEC}=\frac{C\times\left(V-V_0\right)}{m}\times 100$$

式中：

CEC——土壤阳离子的含量，cmol（+）/kg；

V——滴定样品用去盐酸标准溶液体积 ,mL；

V_0——滴定试剂空白试验用去盐酸标准溶液体积，mL；

C——盐酸标准溶液的浓度，mol/L；

m——风干土样质量，g。

2.21.7 注意事项

黏土（一定要至少处理 4 次乙醇）。

2.21.8 仪器图片

实验用到的仪器如图 2-31 ～图 2-32 所示。

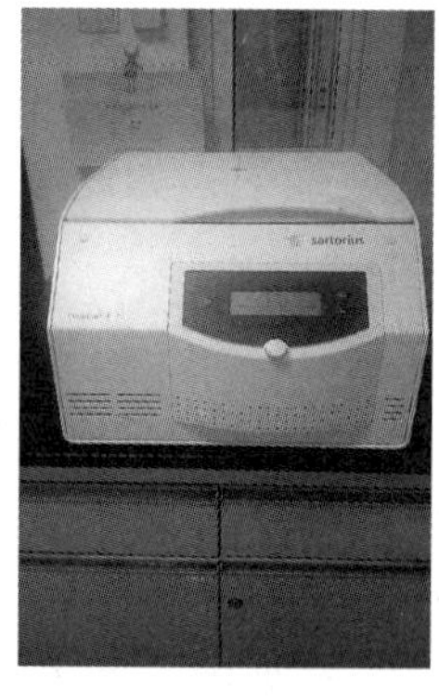

图 2-31 离心机

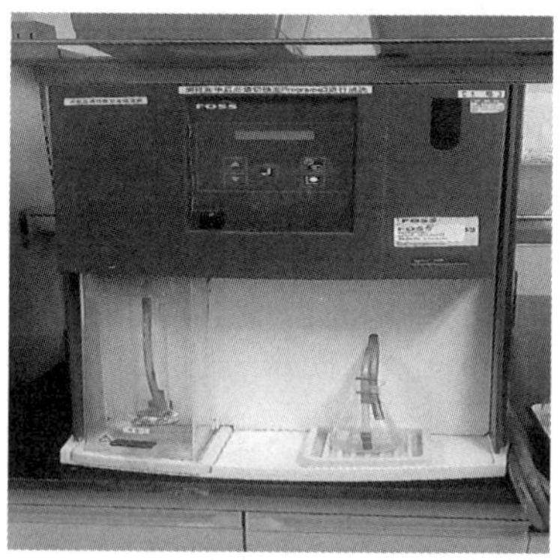

图 2-32 凯氏定氮仪

2.22 土壤颗粒组成的测定方法

2.22.1 方法依据

LY/T 1225—1999《森林土壤颗粒组成的测定》密度计法

2.22.2 方法原理

土样经化学及物理处理成悬液定容后，根据司笃克斯定律及土壤密度计浮泡在悬液中所处的平均有效深度，静置不同时间后，用土壤密度计直接读出每升悬液中所含各级颗粒的质量（g），计算它们的含量（g/kg），并定出土壤质地名称。

2.22.3 试剂和材料

（1）0.5 mol/L 六偏磷酸钠：51 g 六偏磷酸钠（化学纯），加水 400 mL，加热溶解，用水定容至 1 L。（注：在后面计算的时候用的是偏磷酸钠，所以用这种方法配制。）

（2）0.25 mol/L 草酸钠溶液：33.5 g 草酸钠(化学纯)，加水 700 mL，加热使溶解，冷却，用水定容至 1 L。

（3）0.5 mol/L 氢氧化钠溶液：20 g 氢氧化钠（化学纯），加水溶解并定容到 1 L。

2.22.4 仪器和设备

电子天平：精确到 0.0001 g；土壤密度计（刻度为 0 ～ 60 g/L）；1 L 的量筒；洗筛（0.25 mm 筛孔）；土壤筛（孔径分别为 2.0，1.0，0.5 mm）。

2.22.5 操作步骤

1. 称样

称取通过 2 mm 筛孔的均匀风干土样 50 g(粘土或壤土 50 g，砂土 100 g) 于 500 mL 锥形瓶中。

2. 分散土壤

根据土壤 pH，分别选用下列分散剂：石灰性土壤 50 g 加 0.5 mol/L 多聚偏磷酸钠 60 mL；中性土壤 50 g，加 0.25 mol/L 草酸钠 50 mL；酸性土壤 50 g，加 0.5 mol/L 氢氧化钠 50 mL。于锥形瓶中加水 200 mL，加入分散剂，摇匀后静置 2 h。摇动锥形瓶，瓶口放一小漏斗，在电热板上加热，微沸 1 h。在煮沸过程中要经常摇动锥形瓶，以防土粒沉积瓶底结成硬块。

3. 分离 2 ～ 0.25 mm 粒级及制备悬液

在 1 L 量筒上放置大漏斗，在其上放以孔径 0.25 mm 的洗筛。待悬液冷却后，充分摇动锥形瓶，使下沉的土粒分散于悬液中，将悬液通过 0.25 mm 洗筛流至 1 L 量筒中，留在锥形瓶内的土粒用水全部洗入筛内，筛内的土粒用橡皮头玻璃棒轻轻地洗擦及用水冲洗，直洗到筛内流下的水不再浑浊为止。同时应注意切勿使量筒内的液体超过 1 L。最后向量筒内加水到 1 L 标度。

留在筛内的为 2 ～ 0.25 mm 的砂粒，用水把它洗入已知质量的铝盒中，把铝盒放在电热板上烘去水分，移入烘箱中在 105 ℃烘 6 h 后称量。再把 0.25 mm 以上的砂粒，通过 1.0 mm 及 0.5 mm 筛孔，分别称出它们的烘干质量。

4. 测定悬液的温度

将摄氏温度计悬挂在盛有待测液的量筒中，记录悬液的温度（℃）。

5. 测定悬液的土壤密度计读数

将盛有悬液的量筒放在温度变化小的平稳桌上，并避免阳光直接照射。测定小于 0.05 mm 粒级的密度计读数，在搅拌完毕静置 1 min 后放入土壤密度计；测定小于 0.02 mm 粒级，搅拌完毕静置 5 min 后放入土壤密度计；测定小于 0.002 mm 粒级，搅拌完毕静置 8 h 后放入土壤密度计。用搅拌棒搅动悬液 1 min, 上下各 30 次，搅拌时，搅拌棒的多孔不要提出液面，以免产生泡沫。搅拌结束的时间也是开始静置的时间（有机质含量较多的悬液，搅拌时会产生泡沫，影响密度计读数，因此放密度计之前，可在悬液面上加乙醇数滴），在选定的时间前 30 s，将土壤密度计轻轻放入悬液中央，尽量勿使其左右摇摆及上下浮沉，记下土壤密度计与弯液面相平的标度读数。查土壤密度计温度较正表（见表 2-9），得土壤密度计校正后读数，此值代表直径小于所选定粒径毫米数的颗粒累积含量（g），按照上述步骤，分别测得小于 0.05、小于 0.01 及小于 0.002 mm 各粒级的土壤密度计读数。

2.22.6 结果计算

1. 土壤水分换算系数 K_2 与烘干土质量计算

$$K_2=m/m_1$$

式中：

m——烘干土质量，g；

m_1——风干土质量，g。

2.0 ~ 1.0 mm，1.0 ~ 0.5 mm，0.5 ~ 0.25 mm 粒级含量（g/kg）：

2.0 ~ 1.0 mm 粒级含量（g/kg）$=m^1/m\times 1000$

式中：

m^1——1.0 ~ 0.5 mm 粒级烘干土质量，g。

1.0 ~ 0.5 mm 粒级含量（g/kg）$=m^2/m\times 1000$

式中：

m^2——1.0 ~ 0.5 mm 粒级烘干土质量，g。

0.5 ~ 0.25 mm 粒级含量（g/kg）$=m^3/m\times 1000$

式中：

m^3——0.5 ~ 0.25 mm 粒级烘干土质量，g。

0.05 mm 粒级以下，小于某粒级含量（g/kg）$=m_2/m\times 100$

式中：

m_2——小于某毫米粒级的土壤密度计校正后读数；

m——烘干土质量，g。

2. 分散剂占干土质量（g/kg）计算

A（g/kg）$=C\times V\times m_A/m\times 1000$

式中：

A——分散剂占烘干土质量，g/kg；

C——分散剂浓度，mol/L；

V——分散剂体积，mL；

m_A——分散剂的摩尔质量，g/mmol；

m——烘干土样质量，g。

0.5 mol/L 氢氧化钠溶液 50 mL 质量为 1 g（0.5 × 50 × 0.04=1）; 0.25 mol/L 草酸钠溶液 50 mL 质量为 1.68 g(0.25 × 50 × 0.134=1.68); 0.5 mol/L 偏磷酸钠溶液 60 mL 质量为 3.06 g(0.5 × 60 × 0.102=3.06)。

土壤密度计校正表如表 2-9 所示。

表 2-9　土壤密度计校正表

温度 /℃	校正值	温度 /℃	校正值	温度 /℃	校正值
6.0	−2.2	17.5	−0.7	25.0	+1.7
8.0	−2.1	18.0	−0.5	25.5	+1.9
10.0	−2.0	18.5	−0.4	26.0	+2.1
11.0	−1.9	19.0	−0.3	26.5	+2.3
11.5	−1.8	19.5	−0.1	27.0	+2.5
12.5	−1.7	20.0	0+0.2	27.5	+2.7
13.0	−1.6	20.5	+0.3	28.0	+2.9
13.5	−1.5	21.0	+0.5	28.5	+3.1
14.0	−1.4	21.5	+0.6	29.0	+3.3
14.5	−1.3	22.0	+0.8	29.5	+3.5
15.0	−1.2	22.5	+0.9	30.0	+3.7
15.5	−1.1	23.0	+1.1	30.5	+3.8
16.0	−1.0	23.5	+1.3	31.0	+4.0
16.5	−0.9	24.0	+1.5	31.5	+4.2
17.0	−0.8	24.5		32.0	+4.6

2.22.7　确定土壤质地名称

根据砂粒（2.0 ～ 0.05 mm）、粉（砂）粒（0.05 ～ 0.02 mm）及粘粒（小于 0.002 mm）粒级含量（g/kg），在美国制土壤质地分类三角坐标图上查得土壤质地名称（图 2-33）。

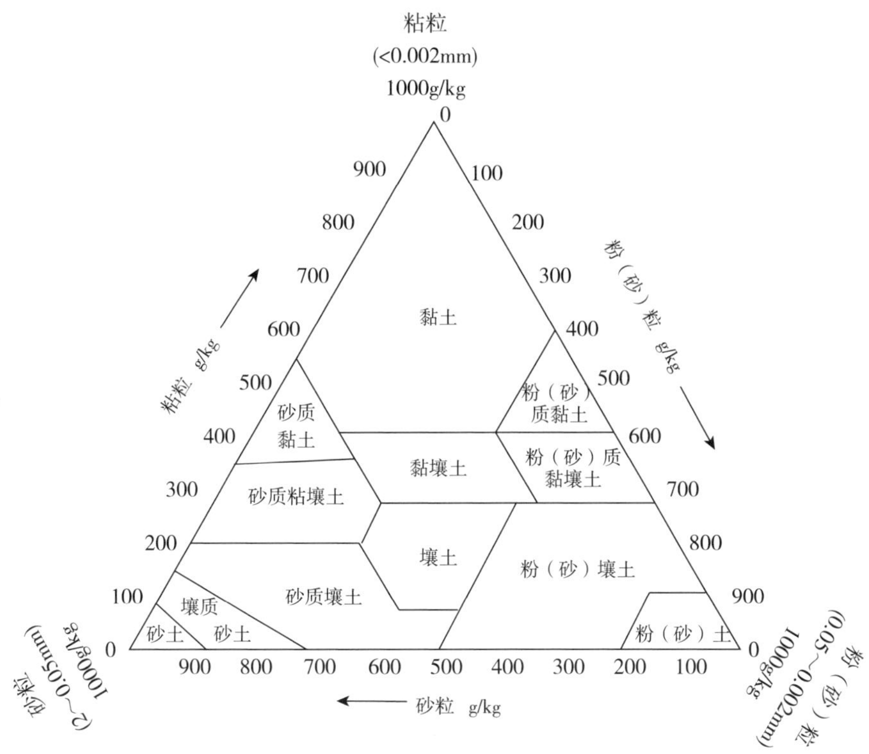

图 2-33　土壤质地分类三角坐标图

例：某土壤含粘粒 150 g/kg，粉（砂）粒 200 g/kg，砂粒 650 g/kg，则此土样的质地名称为“砂质壤土”。

2.22.8　注意事项

（1）样品转移到水分盒里的时候，上面如果有漂浮物，一定把漂浮物用水冲掉。

（2）未分解、半分解及已分解的森林枯枝落叶层不做土壤颗粒组成的测定。

（3）计算和出报告时结果要保留小数点后两位，平均值是保留小数点后一位。

2.23　土壤中木质素的测定操作规程

2.23.1　方法依据

本实验室常用方法。

2.23.2　方法要点

土壤样品中木质素在经碱性 CuO 氧化还原、纯化、萃取、衍生后利用气相色谱 / 质谱测定。

2.23.3　仪器

（1）50 mL 高压罐；

（2）氮吹仪（金属浴）；

（3）离心机；

（4）涡旋仪；

（5）烘箱或高压罐消解仪；

（6）气相色谱质谱联用。

2.23.4　试剂

（1）2 mol/L 氢氧化钠溶液：称取 80 g 氢氧化钠溶于水中，冷却后，定容至 1 L。

（2）6 mol/L 盐酸溶液：量取 1 个体积的浓盐酸和 1 个体积的水混合。

（3）其他试剂：氧化铜、六水合硫酸亚铁氨、二氯甲烷、无水乙醇、乙基香草醛、乙酸乙酯、反式肉桂酸、（三甲基甲硅烷基）三氟乙酰胺（BSTFA）、吡啶等。

2.23.5　操作步骤

1. 消化

称取通过 100 目筛孔的土壤样品（表层 0.1 g、中层 0.2 g、深层 0.4 g）、氧化铜（0.4 g）以及六水合硫酸亚铁氨（0.1 g）于 50 mL 聚四氟乙烯罐中，并倒入配置好的 15 mL 2 mol/L 氢氧化钠溶液，摇晃使样品与试剂充分接触。用 N2 吹扫聚四氟乙烯罐液面上方，迅速盖紧盖子使其保持 N2 环境。将 50 mL 聚四氟乙烯罐放入不锈钢消解罐中（放入烘箱 170 ℃ 加热 2.5 h），必须拧紧罐盖，否则加热过程中溶液溢出，造成样品损失）。

2. 纯化

取出消解罐后用流水冲洗 10 min 使罐体迅速降温，然后取出聚四氟乙烯反应罐，向溶液中用微量进样针添加内标 1 (1 mL 二氯甲烷和 1 mL 无水乙醇混合溶液中加入 150 μg 乙基香草醛)，摇匀。将上层澄清液转移至 50 mL 离心管 a 中，用 10 mL 水清洗反应罐中土壤残渣，尽可能的转移到新离心管 b 中。将离心管 b 涡旋 1 min，随后超声 10 min。于离心机上 3000 r/min 离心 10 min，将上清液合并到管 a 中。再用 10 mL 水清洗罐子及离心管 b 中残渣，按上面方法再次涡旋、超声、离心，合并上清液于管 a。离心管 a 于 3000 r/min 离心 10 min，将上清液转移到管 c 中。用 6 mol/L HCl 将管 c 中的上清液酸化至 pH 小于 2（pH 试纸），于暗处静置一小时使腐植酸沉淀，防止肉桂酸的多聚化。经此步后，可发现有沉淀。将 c 管 3000 r/min 离心 10 min，将上清液转移到 60 mL 玻璃管中。

3. 萃取

加 10 mL 乙酸乙酯至上述玻璃管中，摇晃混匀。用长玻璃滴管转移上层有机相至 40 mL 玻璃管中（注意不可将水相取出）。重复此步骤，合并上层有机相。将萃取出的有机液体 N2 气吹干（40 ℃加热）。当溶剂较少时，关闭加热电源，此外氮吹不要太干，以免样品损失。将浓缩的提取物用 1 mL 二氯甲烷和无水乙醇溶解，转移至 2 mL 色谱瓶中，并添加内标 2（1 mL 二氯甲烷和 1 mL 无水乙醇混合溶液中加入 150 μg 反式肉桂酸）。加盖密封后，放置冰箱中冷藏。

4. 衍生

取出冷藏保存的提取物，恢复至室温（如有沉淀或者胶状分散体，可加少量无水乙醇溶解）。取部分溶液转移到到新的色谱瓶中，N2 吹干。往 N2 气吹干后的色谱瓶中添加 50 μL 双（三甲基甲硅烷基）三氟乙酰胺（BSTFA）、10 μL 吡啶以及 250 μL 的二氯甲烷，立即盖上盖子密封，防止溶液挥发。用恒温金属浴将色谱瓶 70 ℃加热 3 h，木质素单体转化为三甲基硅烷基衍生物（TMS）。冷却后，如果样品浓度太高，可加二氯甲烷进行稀释，将样品用气相色谱质谱联用仪测定。TMS 不稳定，因此衍生后产物尽快上机测定（3 天内）。

5. 气相色谱质谱联用仪条件

色谱柱为 HP5-MS 毛细管柱（30 m × 0.25 mm × 0.25 μm），载气为高纯氮气（纯度为 99.999%），采用恒流模式，载气流速为 1.5 mL/min；氢气流速为 40 mL/min，空气流速为 450 mL/min。进样口温度 300 ℃，进样量 1 μL，采用分流进样，分流比 2 ： 1，检测器温度 280 ℃。色谱柱升温程序为：初始温度 65 ℃，停留 2 min 后以 6 ℃ /min 升温至 300 ℃，保持 20 min。

2.23.6　注意事项

（1）本实验要在通风橱中操作。

（2）做实验前，要做好个人防护。

2.24　土壤粒径的测定

2.24.1　方法依据

本方法来源于本实验室学生常用的方法。(土壤粒径的测定)

2.24.2　方法原理

土壤通过加入 30% 双氧水消煮后，去除土壤中的有机质，加入 3 mol/L 盐酸溶液，去除土壤中的碳酸钙，再加入氢氧化钠溶液破坏土壤团聚体，然后用激光粒度仪测定。

2.24.3　仪器设备

电子天平：精确到 0.01 g；激光粒度仪；电热板；100 mL 玻璃烧杯。

2.24.4　试剂

（1）30% 双氧水；

（2）浓盐酸；

（3）3 mol/L 盐酸溶液：量取 1 mL 浓盐酸 +3 mL 的水中混合。

（4）分散剂：1 mol/L 氢氧化钠溶液：称取 40 g 氢氧化钠溶于 1 L 水中。

2.24.5 操作步骤

1. 预试验

由于激光粒度仪法，测定土壤粒径重做率特别高，需要做预试验。做法是将每一层土样或者每一区域土样称取 2 份质量不同的土壤样品（一份质量多的，一份质量少的，寻求负责管理激光粒度仪老师的建议。）进行上机测定，看背景值以及数据好坏再判断称多少质量。

2. 去除土样中的有机质

称取 0.1 ～ 2.5 g 通过 2 mm 筛孔的风干土样于 200 mL 玻璃烧杯中，加入 10 ～ 20 mL 30% 双氧水，加水至小烧杯半满，放在电热板上，以 150 ℃消煮 3 ～ 4 h，（可以反复加 30% 双氧水和水）直至消煮玻璃烧杯中溶液澄清，且气泡很少即可。

注：期间要用玻璃棒对土样进行搅拌，以防土粒沉积瓶底结成硬块。

3. 去除土样中的碳酸钙

向烧杯中加入 2 mL 3 mol/L 盐酸溶液，加水至烧杯半满，保持微沸，继续消煮 10 min 即可。

4. 分散土壤团聚体

再加入 6 mL 1 mol/L 氢氧化钠溶液，然后把烧杯放在 150 ℃电热板上，保持微沸，消煮 30 min，取下，冷却，直接可以上激光粒度仪测定。

5. 测定

打开激光粒度仪预热 30 min 后调整好仪器参数后，把小烧杯的土壤样品转移至 1 L 测样杯中，加水至 800 mL 左右，开始测定。

2.24.6 结果计算

结果不用计算，激光粒度仪软件会给出最终结果。

2.24.7　注意事项

（1）电热板温度不要调的太高，如果太高双氧水会很快就分解了，起不到氧化有机质的作用。

（2）由于本实验取土壤样品量太少，只能得到近似值，所以本方法只能作为参考方法。

（3）未分解、半分解及已分解的森林枯枝落叶层不做土壤颗粒组成的测定。

2.24.8　仪器图片

实验用到的仪器如图 2-34 所示。

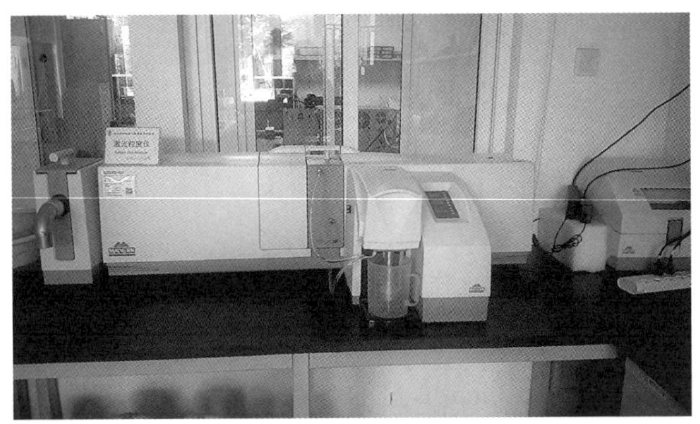

图 2-34　激光粒度仪

2.25　土壤有效硫的测定

2.25.1　方法依据

NY/T 1121.14—2016 土壤有效硫的测定

2.25.2　适用范围

本方法适用于土壤中有效硫含量的测定。

2.25.3 方法原理

酸性土壤有效硫的测定选用磷酸盐－乙酸溶液浸提，石灰性土壤用氯化钙溶液浸提。浸出液中的有机质用过氧化氢消除，浸出的硫酸用硫酸钡比浊法测定。

2.25.4 仪器和设备

三角瓶；50 mL 比色管；电子天平：感量 0.01 g；紫外分光光度计；电热板；磁力搅拌器；振荡机。

2.25.5 试剂与溶液

（1）氯化钡晶粒：将氯化钡（$BaCl_2 \cdot 2H_2O$，分析纯）磨细，筛取 0.25 ～ 0.5 mm 部分。

（2）磷酸盐－乙酸浸提剂：称取磷酸二氢钙 [Ca（H_2PO_4）· H_2O]2.04 g 溶解于 500 mL 水中，再加入 118 mL 冰醋酸（CH_2COOH），移入 1 L 容量瓶中，最后用水定容。

（3）（2.5 g/L）阿拉伯胶水溶液：称取阿拉伯胶 2.5 g 溶于水中，用水定容至 1 L。

（4）（1 ∶ 4）盐酸溶液：一份浓盐酸与四份水混合。

（5）氯化钙浸提剂：称取氯化钙（$CaCl_2$）1.50 g 溶解于水中，用水定容至 1 L。

（6）100 mg/L 硫标准溶液：称取硫酸钾（分析纯）0.5436 g 溶解于水中，最后用水定容至 1 L。（稀释 5 倍获得 20 mg/L 硫标准溶液）

2.25.6 操作步骤

1. 绘制标准曲线

准确吸取含硫 20.00 mg/L 标准溶液 0.00 mL、2.00 mL、4.00 mL、6.00 mL、8.00 mL、10.00 m、12.00 mL 分别放入 50 mL 比色管中，加入（1+4）盐酸溶液 2 mL 和阿拉伯胶水溶液 4 mL，用水定容。即为 0.00 mg/L、0.80 mg/L、1.60 mg/L、2.40 mg/L、3.20 mg/L、4.00 mg/L、4.80 mg/L 硫标准系列溶液，将溶液转入 100 mL 的烧杯中，加氯化钡晶粒 2.0 g，用电磁搅拌器搅拌 1 min，5 ～ 10 min 内在分光光度计上波长 440 nm 处，用 30 mm

光径比色皿比浊，用标准系列溶液的零浓度调节仪器零点，与试样同条件比浊测定，读取吸光度，得到一元直线回归方程。

2. 试液制备

称取通过 2 mm 孔径筛的风干土样 10 g(精确到 0.01 g) 于 100 mL 三角瓶中，加磷酸盐 – 乙酸浸提剂 50.00 mL，在 20 ～ 25 ℃下振荡 1 h，过滤。

3. 测定

吸取滤液 25.00 mL 于 100 mL 三角瓶中，在电热板上加热，加过氧化氢 3 ～ 5 滴，氧化有机物。带有机物分解完全后，继续煮沸，除尽过剩的过氧化氢，加入（1+4）盐酸溶液 2 mL，得到清亮溶液。将溶液无损转入 50 mL 比色管中，加阿拉伯胶水溶液 4 mL, 用水定容后转到 100 mL 烧杯中，加氯化钡晶粒 2.0 g, 用电磁搅拌器搅拌 1 min，5 ～ 10 min 内在分光光度计上波长 440 nm 处，用 30 mm 光径比色皿与标准溶液同条件比浊，读取吸光度。

2.25.7 结果计算

试样中有效硫的含量（以 mg/kg）表示，按以下公式计算：

$$W_S = \frac{C \times V \times f}{m}$$

式中：

C——测定液中硫的浓度，单位为 mg/L；

V——测定液体的体积 50 mL；

f——分取倍数；

m——样品的质量，g。

注：结果保留三位有效数字。

精密度：重复试验结果允许相对相差≤ 10%。

2.25.8 注意事项

（1）石灰性土壤用氯化钙浸提，浸提时间、温度及其他操作与磷酸盐 – 乙酸提取一样。

（2）浸提过程中，加入磷酸盐 – 乙酸浸提剂后会有气体生成，最好在瓶塞上缠绕一根橡皮筋。

（3）加入氯化钡的量、搅拌时间与等待时间应一致，否则将影响标准曲线的相关系数。

（4）如样品加入氯化钡后，产生白色沉淀，要重新分取液体，直到沉淀量肉眼不可见，控制硫含量在标准曲线内。

2.25.9 仪器图片

实验用到的仪器如图 2-35 ～图 2-36 所示。

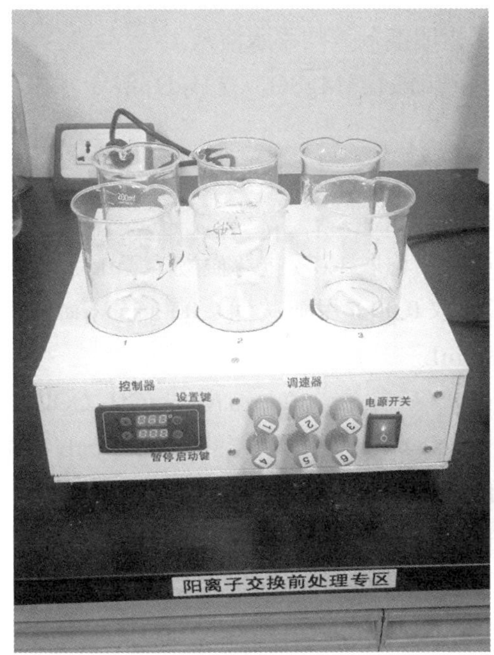

图 2-35 六位磁力搅拌器

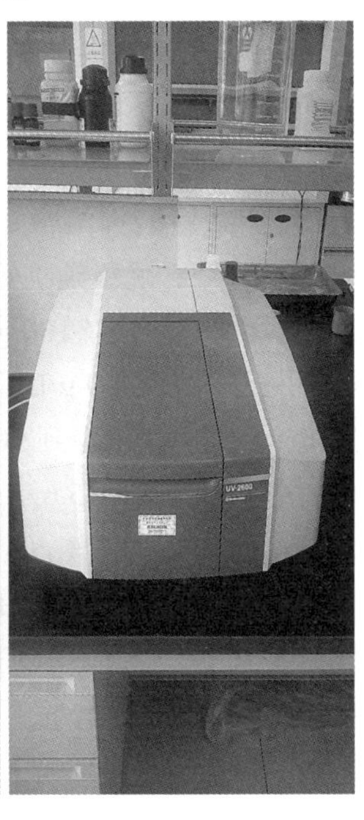

图 2-36 紫外分光光度计

2.26 土壤有效硼的测定方法

2.26.1 方法依据

NY/T 1121.8—2006《土壤有效硼的测定》沸水浸提 - 甲亚胺比色法。

2.26.2 方法原理

土壤中有效硼采用沸水提取，提取液用 EDTA 消除铁、铝离子的干扰，用高锰酸钾消褪有机质的颜色后，在弱酸性条件下，以甲亚胺 –H 酸比色法测定提取液中的硼量。

2.26.3 试剂和材料

本试验方法所用试剂和水，除特殊注明外，均指分析纯试剂和 GB/T6682 中规定的一级水。所述溶液如未指明溶剂，均系水溶液。

（1）硫酸镁溶液：称取 1.0 g 硫酸镁 [$MgSO_4 \cdot 7H_2O$] 溶于水中，稀释至 1 L。

（2）酸性高锰酸钾溶液（现用现配）：高锰酸钾（$KMnO_4$）0.2 mol/L 与硫酸溶液（1+5，优级纯）等体积混合。

（3）抗坏血酸溶液（100 g/L）：称取 1.0 g 抗坏血酸溶于 10 mL 水中。

（4）甲亚胺溶液（9 g/L）称取 0.90 g 甲亚胺和 2.00 g 抗坏血酸溶解于微热的 60 mL 水中，稀释到 100 mL。

（5）缓冲溶液（pH5.6 ～ 5.8）：称取 250 g 乙酸铵 (CH_3COONH_4) 和 10.0 gEDTA 二钠盐 ($C_{10}H_{14}O_8N_2Na_2 \cdot 2H_2O$)，微热溶于 250 mL 水中，冷却后，用水稀释到 500 mL，再加入 80 mL 硫酸溶液（1+4，优级纯），摇匀（用酸度计检查 pH）。

（6）混合显色剂：量取 3 体积甲亚胺溶液（4）和 2 体积缓冲溶液（5）混合（现用现配）。

（7）硼标准溶液：称取 0.5719 g 干燥的硼酸（H_3BO_3，优级纯）溶于水中，移入 1 L 容量瓶中，加水定容，即为含硼（B）100 mg/L 的标准贮备溶液。立即移入干燥洁净的塑料瓶中保存。

将此溶液准确稀释成含硼（B）10 mg/L 的标准溶液备用（存于塑料瓶中）。

2.26.4 仪器和设备

电子天平：感量 0.01 g；紫外可见分光光度计：带有光径为 1 cm 的比色皿；离心机（3000 ～ 5000 r/min）。

2.26.5 标准曲线

分别准确吸取含硼(B)0.00 μg/mL、0.10 μg/mL、0.20 μg/mL、0.40 μg/mL、0.60 μg/mL、0.80 μg/mL、1.00 μg/mL 的标准系列溶液 4.00 mL 于 10 mL 比色管中，与试液同条件显色、比色。以吸收值为纵坐标，以标准系列溶液含量为横坐标，绘制工作曲线。

2.26.6 操作步骤

1. 待测液制备

称取通过 2 mm 孔径尼龙筛的风干试样 10 g（精确至 0.01 g）于 100 mL 聚四氟乙烯烧杯中，加 20.00 mL 硫酸镁溶液，盖上盖，文火煮沸并微沸 5 min（从沸腾时准确计时）。取下聚四氟乙烯烧杯，稍冷，一次倾入滤纸上过滤（或离心），滤液承接于塑料杯中(最初滤液浑浊时可弃去)。同时做空白试验。

2. 测定

吸取滤液 4.00 mL 于 10 mL 比色管中，加入 0.5 mL 酸性高锰酸钾溶液，摇匀，放置 2 ～ 3 min 加入 0.5 mL 抗坏血酸溶液，摇匀，待紫红色消褪且褐色的二氧化锰沉淀完全溶解后，加入 5.00 mL 混合显色剂，摇匀。放置 1 h 后于波长 415 nm 处，用 1 cm 光径比色皿，以校准曲线的零浓度调节仪器零点。读取吸光度。

2.26.7 结果计算

$$W_{\mathrm{B}}=\frac{m_1\times D}{m\times 10^3}\times 1000$$

式中：

W_{B}——有效硼（B）含量，mg/kg；

m_1——由工作曲线查得硼的质量，μg；

D——分取倍数，20/4；

m——试样质量，g；

10^3 和 1000——换算系数。

注：方法检出限：以吸光度 0.01 对应的样品浓度值为该法的检出限，将吸光度 0.01 代入标准曲线方程，得到检出限量为 0.09 μg。样品称样量为

10 g，按照步骤 7 进行计算，检出限为 0.05 mg/kg。

2.26.8 注意事项

（1）在消煮的过程中时间一定要精确。

（2）一次要少量消煮，（一般 3 ～ 5 个为宜）因为电热板上的温度不是很均匀，多了也看不过来。

（3）温度也非常重要，（一定要保持微沸）温度过高或过低对结果有很大影响。

2.27 土壤碳酸钙的测定

2.27.1 气量法

1. 方法依据

《土壤分析技术规范（第二版）》土壤碳酸钙的测定（气量法）；LY/T 1250—1999 森林土壤碳酸钙的测定（气量法）

2. 方法要点

土壤样品中的碳酸钙与盐酸反应，产生二氧化碳气体。用一定量碳酸钙标准物与样品在相同条件下同时测定，按样品中碳酸盐产生二氧化碳体积与一定量碳酸钙标准物产生的二氧化碳体积比较，计算土样所含碳酸盐相当于碳酸钙的质量。

3. 适用范围

本方法适用于除碳酸镁土以外的各类土壤碳酸盐含量的测定。

4. 仪器和设备

天平（感量 0.0001 g）；全自动碳酸钙气量计分析仪。

5. 试剂

（1）无水碳酸钙（优级纯）；

（2）1+2 盐酸溶液：1 个体积的盐酸和 2 个体积的水，混合在一起。

6. 操作步骤

（1）先检查整个全自动碳酸钙气量计分析仪系统是否漏气。

（2）称取通过 0.149 mm 筛孔的风干土土样 0.5 ～ 10 g（约含碳酸钙 0.05 ～ 0.4 g），放在 250 mL 三角瓶中，加入 10 mL 水，再加入一个转子，然后连接仪器上的硅胶塞，并塞紧。转动三通活塞使反应瓶及量气管均与外界相通，用水准器中的密闭液调节量气管的液面近于刻度 2.00 mL 处，记取初读数。

（3）转动三通活塞，使三角瓶与量气管相通而与外部隔绝，点击屏幕中的开始键，此时注意量气管里的液位下降情况，并适时向下移动水准器，保持其中的密封液液面与量气管的液面相平，直至液面在 1 min 内不再下降为止，（仪器设置是 3 min 整个实验就结束）记取量气管的终读数。

（4）样品测定的同时，应每测定 10 ～ 20 个土壤样品插入 1 个碳酸钙标准物质作参比。即称取 0.3 g（精确到 0.001 g）无水碳酸钙放入 250 mL 三角瓶中，其余操作步骤同土壤样品的测定。（同时做 1 ～ 2 个空白，不加土样，其他试剂和样品一致）

7. 结果计算

$$碳酸钙(g/kg)=\frac{m_1\times\left(V-V_0\right)}{m\times\left(V_1-V_0\right)}\times1000$$

式中：

m_1——称取碳酸钙标准物质量，g；

m——称取土壤样品的质量，g；

V_1——碳酸钙标准物产生的 CO_2 体积，mL；

V——土壤样品产生的 CO_2 体积，mL；

V_0——空白样品产生的 CO_2 体积，mL。

8. 注意事项

（1）泄漏测试：将活塞转至实验档，以关闭量气管，同时将水准器提至 0 mL 位置。将仪器的硅胶塞塞到空的三角瓶上，塞紧。并降低量气管液面的位置，使量气管内的溶液处于受压状态。设定 60 min，水位应保持稳定。（若液面变低说明漏气，若变高或不变说明不漏气。）

（2）在称样前应先做半定量试验，以确定称样量。方法：将土样少许放在比色瓷板穴中，加 1+2 盐酸溶液 2 ～ 3 滴，若看不出明显气泡，称样量为 5 ～ 10 g，若有明显气泡又能持续一定时间，应称土样 2 ～ 5 g，若发泡激烈且能持久，应称土样 1 g。

（3）本方法每个样品用水 10 mL 和 1+2 盐酸溶液 7 mL。（这些都是仪器设置好的，需要了解一下。）

（4）量气管中溶解的二氧化碳达到饱和：向三角瓶中加入 0.15 g 碳酸钙，再加入一个转子，然后连接仪器上的硅胶塞，并塞紧。转动三通活塞使反应瓶及量气管均与外界相通，用水准器中的密闭液调节量气管的液面近于刻度 0.00 mL 处，转动三通活塞，使三角瓶与量气管相通而与外部隔绝，点击屏幕中的开始键，此时注意量气管里的液位下降情况，反应持续一天后，量气管中溶解的二氧化碳达到饱和。

2.27.2 中和滴定法

1. 方法依据

LY/T 1250—1999 森林土壤碳酸钙的测定（中和滴定法）

2. 方法要点

土壤中的碳酸钙与一定量的过量标准酸作用，剩余的酸用标准碱回滴，以酚酞为指示剂。由净消耗的酸量计算土壤碳酸钙含量。

3. 主要仪器

高型烧杯（100 mL）；六位磁力搅拌器；电子天平（感量 0.01 g）；数字滴定器（50 mL）。

4. 试剂

（1）0.5 mol/L 盐酸标准溶液：量取 43 mL 盐酸，用水定容至 1 L。用硼砂标定其标准浓度。（参考本书土壤全氮的测定里硼砂标定酸操作。）

（2）0.25 mol/L 氢氧化钠标准溶液：称取 10 g 氢氧化钠用水定容 1 L。用 0.5 mol/L 盐酸标准溶液标定其浓度。

（3）酚酞指示剂：称取 1 g 酚酞溶于 100 mL95% 乙醇中。

5. 操作步骤

称取通过 0.149 mm 筛孔的风干土样 3.0 ～ 10.0 g（含碳酸钙 0.2 ～ 0.4 g），于 100 mL 高型烧杯中，用移液管加入 20.00 mL 0.5 mol/L 盐酸标准溶液，

加入一个转子，盖以表面皿，放在六位磁力搅拌器上，搅拌 3 min，并驱出产生的二氧化碳。冷却后转移入 100 mL 容量瓶，用冷水冲洗土壤及烧杯 5 ～ 6 次，定容。静置 4 ～ 6 h。

吸取 50 mL 较清的溶液放入 150 mL 三角瓶中，加入 2 滴酚酞指示剂，用 0.25 mol/L 氢氧化钠标准溶液回滴剩余的盐酸，滴定至明显的红色，在 1 min 左右不褪色为止。记录所用氢氧化钠标准溶液的毫升数。

6. 结果计算

$$\text{碳酸钙}(\mathrm{g/kg})=\frac{\left(\frac{1}{2}C_1\times V_1-C_2\times V_2\right)\times t_s\times 0.050}{m}\times 1000$$

式中：

C_1——盐酸标准溶液的浓度，mol/L；

V_1——盐酸标准溶液的体积，（V_1=20 mL）；

C_2——氢氧化钠标准溶液的浓度，mol/L；

V_2——氢氧化钠标准溶液的体积，mL；

$\frac{1}{2}$——滴定时吸取酸液的体积是定容体积的一半；

0.050——1/2 碳酸钙分子的摩尔质量，g/mmol；

t_s——分取倍数 [t_s= 定容体积（mL）/ 滴定用浸出液体积（mL）]；

m——烘干土样质量，g。

7. 注意事项

（1）盐酸以过量 25% ～ 100% 为宜，不足或太多，将使测定结果偏低或偏高。

（2）此法只能得近似结果，因为盐酸不仅与碳酸钙作用，而且还有其他副反应发生，例如交换性盐基被氢离子交换，某些碱土金属的硅酸盐也被分解等，致使测得的结果常偏高。至于土壤中铁铝等氧化物溶解时消耗盐酸则并不导致误差，因为在最后滴定至酚酞终点时，这些铁铝仍需消耗等量的标准碱而沉淀出来。

（3）必要时在称样前可先做半定量试验（见气量法注 2）土样含碳酸钙 30 g/kg 以下，称取土样约 10 g；30 ～ 50 g/kg，称取土样约 5 g；50 ～ 120 g/kg，称取土样约 3 g；大于 120 g/kg，须酌量少称。

（4）土样不一定要完全转入容量瓶，但必须将酸洗净。可以倾泻法洗涤烧杯及土样 5 ～ 6 次。

（5）反应时加入的盐酸量必须使碳酸钙中和而有适当剩余，在本操作中，最后回滴时所消耗的 0.25 mol/L 氢氧化钠标准溶液应在 4 ～ 10 mL 之间。如少于 4 mL 或多于 10 mL，应适当减少或增加称样质量。

8. 仪器图片

实验用到的仪器如图 2–37 所示。

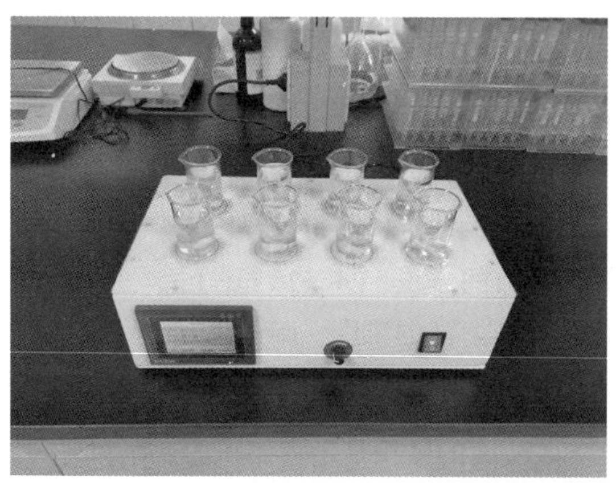

图 2–37　八位磁力搅拌器

2.28　土壤容重的测定

2.28.1　方法依据

NY/T 1121.4—2006 土壤容重的测定

2.28.2　方法要点

用一定容积的环刀（一般为 100 cm^3）切割未搅动的自然状态土样，使土样充满其中，称量后计算单位容积的烘干重量。本方法适用一般土壤，对坚硬和易碎的土壤不适用。

2.28.3 仪器

环刀（容积为 100 cm^3）；电子天平：（精确至 0.01 g）；烘箱；环刀托；削土刀；钢丝锯；干燥器。

2.28.4 操作步骤

（1）在田间选择挖掘土壤剖面的位置，按使用要求挖掘土壤剖面。一般如只测定耕层土壤容重，则不必挖土壤剖面。

（2）用修土刀修平剖面，并记录剖面的形态特征，按剖面层次，分层采样，耕层重复 4 个，下面层次每层重复 3 个。

（3）将环刀托放在已知重量的环刀上，环刀内壁稍擦上凡士林，将环刀刃口向下垂直压入土中，直至环刀筒充满土样为止。

（4）用修土刀切开环周围的土样，取出已充满土的环刀，细心削平两端多余的土，并擦净环刀外面的土。同时在同层取样处，用铝盒采样，测定土壤含水量。

（5）把装有土样的环刀两端立即加盖，以免水分蒸发。随即称重（精确到 0.01 g），并记录。

（6）将装有土样的铝盒烘干称重（精确到 0.01 g），测定土壤含水量。或者直接从环刀筒中取出土样测定含水量。

2.28.5 结果计算

$$\text{容重}\left(g/cm^3\right)=\frac{\left(m_2-m_1\right)\times 1000}{V\times(1000+W)}$$

式中：

m_2——环刀及湿土质量，g；

m_1——环刀质量，g；

V——环刀容积，m^3，$V=\pi r^2 h$，式中 r 为环刀有刃口一端的内半径（cm），h 为环刀高度；

W——土壤含水量，g/kg。

注：精密度：平行测定结果允许绝对相差≤ 0.02 g/cm^3。

2.28.6 注意事项

容重测定也可将装满土样的环刀直接于 105 ℃ ±2 ℃恒温干燥箱中烘至恒重，在百分之一精度天平上称量测定。

$$容重\left(g/cm^3\right)=\frac{烘干土样质量(g)}{环刀容积\left(cm^3\right)}$$

2.28.7 仪器图片

实验用到的仪器如图 2–38 所示。

图 2–38 鼓风干燥箱（烘箱）

2.29 土壤田间持水量的测定方法

2.29.1 方法依据

NY/T 1121.22—2010 土壤田间持水量的测定

2.29.2 方法要点

将浸泡饱和的原状土置于风干土上，使风干土吸去原状土中的重力水后，再用烘干法测定含水量。

2.29.3 仪器设备

100 cm^3 环刀；天平：精度为 0.01 g；电热恒温干燥箱；铝盒；干燥器；托盘。

2.29.4 操作步骤

（1）按方法规定在野外用环刀采集原状土样品，带回室内，将环刀有孔盖一面向下、无孔盖一面向上放入平底容器中，缓慢加水，保持水面比环刀上缘低 1 ～ 2 mm，浸泡 24 h。

（2）在与测定土壤样品相同的土层处，另取一些土壤样品，除去较大石块通过孔径 2 mm 筛后，装入无孔底盖的环刀中，轻拍、压实，保持土壤表面平整并高出环刀边缘 1 ～ 2 mm，并在上面覆盖一张略大于外径的滤纸，置于水平台。

（3）将装有经水分充分饱和的原状土样从浸泡容器中取出，移去底部有孔的盖子，把此环刀放在盖有滤纸的装有风干试样环刀上，将两个环刀边缘对接整齐并用 2 kg 重物压实，使其接触紧密。

（4）经过 8 h 水分下渗过程中，取上层环刀中原状土 15 ～ 20 g，放入已恒重的铝盒，立即称重，在 105 ℃ ±2 ℃烘干至恒重（约 12 h），取出后放入干燥器内冷却至室温，称重，计算水分含量，此值即为土壤田间持水量。

2.29.5 计算和结果

$$X = \frac{m_1 - m_2}{m_2 - m_0} \times 1000$$

式中：

X——土壤田间持水量，g/kg；

m_0——烘干空铝盒质量，g；

m_1——烘干前试样加铝盒质量，g；

m_2——烘干后试样加铝盒质量，g。

精密度：平行测定结果的允许绝对相差≤ 10 g/kg。

2.30 土壤田间持水量测定方法

2.30.1 方法依据

土壤田间持水量采用改进的 Shaw(1985) 方法。

2.30.2 仪器设备

100 mL 塑料量筒；直径 9 cm 塑料漏斗；玻璃棉；电子天平（精确到 0.01 g）；乳胶管和小夹子。

2.30.3 操作步骤

（1）用土壤水分测定方法测定含水量。

（2）在塑料漏斗下端连接一带夹子的橡胶管，塑料漏斗用玻璃棉堵塞，在塑料量筒中加入 30 mL 水后，称量塑料量筒 + 水的质量，记录，称取 20 g 风干土（或新鲜土）于塑料漏斗中，把塑料漏斗下端连接的橡胶管夹紧，把塑料量筒中的 30 mL 水，加入塑料漏斗中，保持 30 min, 再打开夹子使多余的水流入量筒，2 h 后，称量塑料量筒 + 水的质量。

2.30.4 结果计算

$$X=\frac{m_1-m_2}{m}\times 1000$$

式中：

X——土壤田间持水量，g/kg；

m_1——塑料量筒 + 水（前）质量，g；

m_2——塑料量筒 + 水（后）质量，g；

m——烘干后试样质量，g。

2.30.5 注意事项

用玻璃棉时，要做好防护。（戴手套和口罩）

2.30.6 实验图片

实验图片如图 2-39 ～图 2-41 所示。

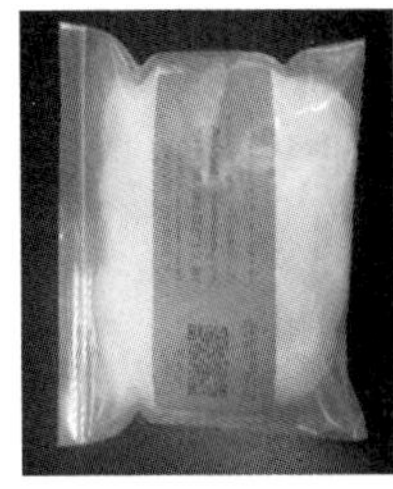

图 2-39 玻璃棉

图 2-40 设备图 1

图 2-41 设备图 2

2.31 土壤大团聚体组成的测定

2.31.1 方法依据

LY/T 1227—1999 森林土壤大团聚体组成的测定

2.31.2 方法要点

土壤中大于 0.25 mm 的团聚体为大团聚体。非水稳性大团聚体用干筛法测定，水稳性大团聚体用湿筛法测定。

湿筛法对一般有机质含量少的土壤不适用，因这些土壤在水中振荡后，除了筛内留一些已被水冲洗干净的石块、石砾、砂粒外，其他部分几乎全都通过筛孔进入水中。

粘重的土壤风干后往往会结成非常结实的硬块，即使用干筛法将其分成不同直径的粒级，也不能代表它们是非水稳性大团聚体。

经干筛与湿筛后的各粒级中有大团聚体也有石块、石砾及沙粒，对干筛与湿筛获得的各级石块与石砾应挑出去，砂粒因太小无法挑出去，如这一层筛中已全部为单个砂粒，则这些砂粒也应弃去。但结合在大团聚体中的砂粒与细砾不应挑出去，应包括在大团聚体中。

该测定因受土样中石块、石砾含量影响，偏差较大，因此在计算各大团具体时，直接用测定时的风干土质量为基数，不必换算成烘干土质量。

一个样品同时做四个重复测定，取其平均值。

2.31.3 主要仪器

团粒分析仪（每套筛子孔径为 5.0 mm、2.0 mm、1.0 mm、0.5 mm、0.25 mm, 在水中山下振荡每分钟 30 次）

2.31.4 操作步骤

1. 干筛法非水稳性大团聚体组成的测定

测定步骤：

（1）在野外采取土样时，要求不破坏土壤结构，一个样品采集 1.5 ～ 2.0 kg，采回来的土样，将大的土块按其结构轻轻剥开，成直径 10 mm 左右的团块，挑去石块、石砾及明显的有机物质，放在纸上风干（不宜太干）。

（2）将团粒分析仪的筛组按筛孔大的在上、小的在下顺序套好，将土样倒在筛组的最上层，加盖，用手摇动筛组，使土壤团聚体按其大小筛到下面的筛子内。当小于 5 mm 团聚体全部被筛到下面的筛子内后，拿去 5 mm 筛，用手摇动其他四个筛。当小于 2 mm 团聚体全部被筛下去后，拿去 2 mm 的筛子。按上法继续干筛同一样品的粒级部分。每次筛出来的各级大团聚体，把相同粒径的放在一起，分别称它们的风干质量（精确到 0.01 g）。

（3）结果计算：

$$\text{各级非水稳性大团聚体含量 (g/kg)} = \frac{m_1'}{m_1} \times 1000$$

式中：

m_1——风干土样质量，g；

m'_1——各级非水稳性大团聚体风干质量，g。

各级非水稳性大团聚体含量（g/kg）的总和为总非水稳性大团聚体含量（g/kg）。

$$\text{各级非水稳性大团聚体含量占总非水稳性大团聚体含量比例 (\%)} = \frac{\text{各级非水稳性大团聚体含量 (g/kg)}}{\text{总非水稳性大团聚体含量 (g/kg)}} \times 100$$

2. 湿筛法非水稳性大团聚体组成的测定

测定步骤：

（1）根据干筛法求得的各级团聚体的含量（g/kg），把干筛分取的风干样品按比例配成 50 g。例如，若样品中 5 ～ 3 mm 的粒级干筛法含 200 g/kg，则分配该级称样量为 50 g × 200 g/kg=10 g；若 1 ～ 0.5 mm 的粒级干筛法含 50 g/kg，则分配该级称样量为 50 g × 50 g/kg=2.5 g。依此类推。

（2）为了防止在湿筛时堵塞筛孔，故不把小于 0.25 mm 的团聚体倒入准备湿筛的样品内，但在计算取样数量和其他计算中都需计算这一数值。

（3）将孔径为 5.0 mm、2.0 mm、1.0 mm、0.5 mm、0.25 mm 的筛组依次叠好，孔径大的在上面。

（4）将已称好的样品置于筛组上。

（5）将筛组置于团粒分析仪的振荡架上，放入已加入水的水桶中，水的高度至筛组最上面一个筛子的上缘部分，在团粒分析仪工作时的整个振荡过程中，任何时候都不可超离水面。

（6）开动马达，振荡频率 30 次 /min，振荡时间为 30 min。

（7）将振荡架慢慢升起，使筛组离开水面，待水淋干后，将留在各级筛上的团聚体洗入铝盒或称皿中，倾去上部清液。

（8）将铝盒中各级水稳性大团聚体放在电热板上烘干，然后在大气中放置一昼夜，使呈风干状态，称量（精确到 0.01 g）。

（9）结果计算：

$$\text{各级水稳性大团聚体含量}\ (g/kg)=\frac{m_1''}{m_1}\times 1000$$

式中：

m_1——风干土样质量，g；

m''_1——各级水稳性大团聚体风干质量，g。

各级水稳性大团聚体含量（g/kg）的总和为总水稳性大团聚体含量（g/kg）。

$$\text{各级非水稳性大团聚体含量占总非水稳性大团聚体含量比例}\ (\%)=\frac{\text{各级水稳性大团聚体含量}\ (g/kg)}{\text{总水稳性大团聚体含量}\ (g/kg)}\times 100$$

2.31.5　注意事项

干筛法测定的土样太干太湿都不适宜，以潮为适度，即土壤用铲挖时不粘在铲子上，用手捻时土块能捻碎，放在筛内时又不粘在筛子上为宜。

2.31.6　仪器图片

实验用到的仪器如图 2-42 ～图 2-43 所示。

图 2-42　团聚体分析仪（湿筛法）

图 2-43　团聚体分析仪（干筛法）

2.32　土壤有机磷的分离测定

2.32.1　方法依据

《土壤农化分析（第三版）》主编　鲍士旦

2.32.2　方法要点

土壤经 550 ℃灼烧，使有机磷化合物转化为无机态磷，然后与未经灼烧的同一土样，分别用 0.2 mol/L(1/2 H_2SO_4) 溶液浸提后测定磷量，所得结果的差值即为有机磷。

2.32.3　仪器设备

马弗炉；烘箱；紫外分光光度计；流动分析仪；恒温摇床。

2.32.4 浸提试剂

（1）0.2 mol/L(1/2 H_2SO_4) 溶液：量取浓硫酸 6 mL 于约 900 mL 水中，最后用水定容至 1 L。

（2）0.5 mol/L 硫酸溶液：量取浓硫酸 28 mL 于约 900 mL 水中，最后用水定容至 1 L。

2.32.5 操作步骤

1. 方法一

称取通过 60 目的风干土壤样品 1.0000 g 置于 15 mL 瓷坩埚中，在 550 ℃马弗炉内灼烧 1 h，取出冷却后，用 0.2 mol/L(1/2 H_2SO_4) 溶液 100 mL 将土样洗入 200 mL 容量瓶中。另外称取 1.0000 g 同一样品于另一个 200 mL 容量瓶中，加入 0.2 mol/L(1/2 H_2SO_4) 溶液 100 mL。

两瓶的溶液摇匀后，分别将瓶塞松放在瓶口上，一起放入 40 ℃烘箱内保温 1 h。取出，冷却至室温，加水定容，过滤。

2. 方法二

称取通过 60 目的风干土壤样品 1.0000 g 置于 15 mL 瓷坩埚中，在 550 ℃马弗炉内灼烧 1 h，取出冷却后，用 0.5 mol/L 硫酸溶液 50 mL 将土样洗入 125 mL 塑料广口瓶中。另外称取 1.0000 g 同一样品于另一个 125 mL 塑料广口瓶中，加入 0.5 mol/L 硫酸溶液 50 mL。

两瓶的溶液摇匀后，盖上盖，一起放在震荡机上，以 220 r/min（25 ℃）震荡 16 h。取出，过滤。

2.32.6 测定

测定方法一（流动分析仪法）

1. 试剂

（1）钼酸胺

钼酸胺	6.2 g
酒石酸锑钾	0.17 g
十二烷基硫酸钠	2 g
去离子水	1000 mL

溶解 6.2 g 钼酸胺至 700 mL 水中，加入 0.17 g 酒石酸钾锑并稀释至 1 L。混合均匀后加入 2 g 十二烷基磺酸钠。储存于棕色瓶中，每周更新。

（2）酸盐

氯化钠	5 g
硫酸	12 mL
去离子水	1000 mL

称取 5 g 氯化钠溶于 700 mL 蒸馏水，缓慢加入 12 mL 硫酸盐。溶液混均并稀释至 1 L，可长时间保存。

（3）酸

硫酸	14 mL
十二烷基硫酸钠	2 g
去离子水	1000 mL

小心地边搅拌边加入 14 mL 硫酸至 600 mL 水中。冷却至室温后稀释至 1 升。加入 2 g 十二烷基磺酸钠并混合均匀。

（4）抗坏血酸

抗坏血酸	15 g
去离子水	1000 mL

称取 15 g 抗坏血酸溶于 600 mL 蒸馏水，稀释至 1000 mL。溶液混均，储存于棕色瓶中，每周更新。

（5）标准曲线

100 ppm 磷（P）标准溶液

称取 0.4394 g（在 105 ℃烘干 2 ～ 3 h）的磷酸二氢钾（KH_2PO_4，分析纯）溶解于 800 mL 水中，加 5 mL 浓硫酸（防腐），用水定容到 1 L，浓度为 100 ppm 磷（P），此溶液可以长期保存。

分别吸取 100 ppm 磷（P）标准溶液 0 mL、0.5 mL、1 mL、2 mL、4 mL、6 mL、8 mL、10 mL 于 100 mL 容量瓶中，用水定容，摇匀，获得 0 ppm、0.5 ppm、1 ppm、2 ppm、4 ppm、6 ppm、8 ppm、10 ppm 磷（P）标准系列溶液，选 660 nm 波长比色。

2. 结果计算

有机磷 (mg/kg) = 灼烧后磷 (mg/kg) − 未灼烧磷 (mg/kg)

$$磷（mg/kg）=\frac{C\times V}{m}$$

式中：

C——从工作曲线上查得显色液磷的质量浓度，μg/mL；

V——浸提液体积，mL；

m——烘干土样质量，g。

测定方法二（分光光度计法）

3. 试剂

（1）4 mol/L 氢氧化钠溶液：160 g 氢氧化钠溶于水，用水定容至 1 L。

（2）0.5 mol/L 硫酸溶液：吸取 28 mL 浓硫酸，缓缓注入水中，并用水定容至 1 L。

（3）2，4–二硝基酚（或 2，6–二硝基酚）指示剂：称取 0.20 g 2，4–二硝基酚溶解于 100 mL 95%乙醇。

（4）钼锑贮存液：

A 溶液：称取 10 g 钼酸铵〔$(NH_4)_6Mo_7O_{24}\cdot 4H_2O$, 分析纯〕溶解于 500 mL 水中，缓慢地加入 153 mL 浓硫酸（密度 1.84 g/mL, 分析纯）。注：（边加浓硫酸边搅拌）

B 溶液：称取 0.5 g 酒石酸锑钾（$KSbOC_4H_4O_6\cdot 1/2H_2O$, 分析纯），溶解于 100 mL 水中。

当 A 溶液冷却到室温后，将 B 溶液倒入 A 溶液中，最后用水定容至 1 L。避光贮存。

（5）钼锑抗显色剂：称取 1.50 g 抗坏血酸（$C_6H_8O_6$，左旋，旋光度 +21° ～ +22° ，分析纯）溶于 100 mL 钼锑贮存液中。此溶液须现用现配。

（6）100 ppm 磷（P）标准溶液：称取 0.4394 g 在 105 ℃烘干的磷酸二氢钾（KH_2PO_4，分析纯）于 600 mL 水，加 5 mL 浓硫酸（防腐），用水定容到 1 L，浓度为 100 ppm 磷（P），此溶液可以长期保存。

（7）5 ppm 磷（P）标准溶液：吸取 100 ppm 磷（P）标准溶液 5 mL 于 100 mL 容量瓶中，用水定容。此溶液为 5 ppm 磷（P）标准溶液，不宜久存，须现用现配。

4. 测定

吸取上述待测液 5 ～ 10 mL（含磷不超过 30 ppm），置于 50 mL 容量瓶中，加水 10 ～ 15 mL，加 1 滴 2，4- 二硝基酚指示剂，用 4 mol/L 氢氧化钠溶液调溶液至黄色，然后用 0.5 mol/L 硫酸溶液调节至溶液刚呈淡黄色，加入 5 mL 钼锑抗显色剂，用水定容，摇匀。30 min 后在分光光度计上，用 1 cm 比色皿，选 700 nm 波长比色。同时做试剂空白试验。注：溶液颜色在 8 h 内可保持稳定。

5. 工作曲线的绘制

分别吸取 5 ppm 磷（P）标准溶液 0 mL、1 mL、2 mL、3 mL、4 mL、5 mL、6 mL 于 50 mL 容量瓶中，加水 10 ～ 15 mL，加 1 滴 2，4- 二硝基酚指示剂，用 4 mol/L 氢氧化钠溶液调溶液至黄色，然后用 0.5 mol/L 硫酸溶液调节至溶液刚呈淡黄色，加入 5 mL 钼锑抗显色剂，用水定容，摇匀。30 min 后在分光光度计上，用 1 cm 比色皿，选 700 nm 波长比色。（溶液颜色在 8 h 内可保持稳定）获得 0 ppm、0.1 ppm、0.2 ppm、0.3 ppm、0.4 ppm、0.5 ppm、0.6 ppm 磷（P）标准系列显色液。用 0 ppm 磷（P）标准系列显色液作参比，调吸收值到零，由低浓度到高浓度测定标准系列显色液的吸收值。在分光光度计上就可看绘制的工作曲线 。注（先做工作曲线，再测定样品。）

6. 结果计算

有机磷 (mg/kg)= 灼烧后磷 (mg/kg)– 未灼烧磷 (mg/kg)

$$\text{磷}\ (\mathrm{mg/kg}) = \frac{C \times V \times t_s}{m}$$

式中：

C——从工作曲线上查得显色液磷的质量浓度，μg/mL；

V——显色液体积，50 mL；

t_s——分取倍数，$t_s = \dfrac{\text{待测液体积（mL）}}{\text{吸取待测液体积（mL）}}$；

m——烘干土样质量，g。

7. 注意事项

（1）要求吸取待测液中含磷 5 ～ 25 ppm，事先可以吸取一定量的待测液，显色后用目测法观察颜色深度，然后估计出应该吸取待测液的毫升数。

（2）钼锑抗法要求显色液中硫酸浓度为 0.23 ～ 0.33 mol/L 。如果酸度小于 0.23 mol/L，虽然显色加快，但稳定时间较短；如果酸度大于 0.33 mol/L，则显色变慢。钼锑抗法要求显色温度为 15 ℃以上，如果室温低于 15 ℃，可放置在 30 ～ 40 ℃的恒温箱中保持 30 min, 取出冷却后比色。

2.32.7 仪器图片

实验用到的仪器如图 2-44 ～图 2-45 所示。

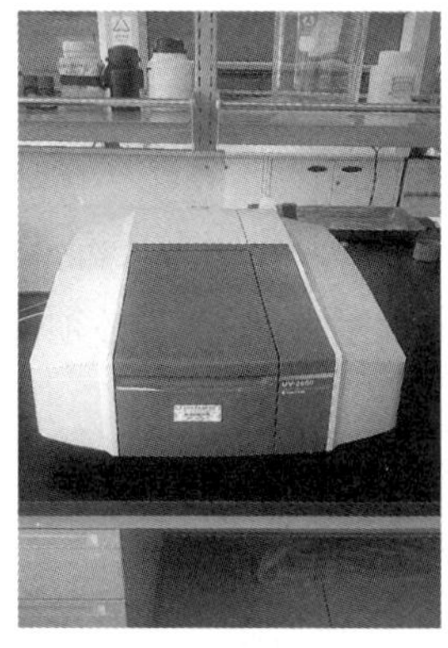

图 2-44 紫外分光光度计

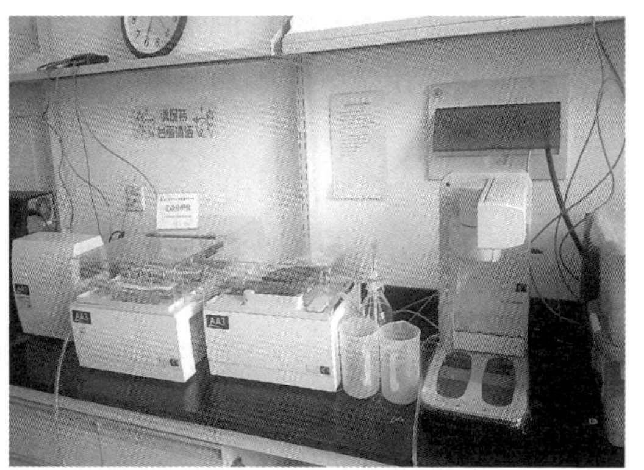

图 2-45 流动分析仪

2.33 土壤水溶性盐分分析

2.33.1 方法依据

LY/T 1251—1999 森林土壤水溶性盐分分析

2.33.2 土壤浸出液的制备

1. 方法要点

土壤水溶性盐可按一定的土水比例（通常采用 1 ： 5），用平衡法浸出，然后测定浸出液中的全盐量以及 CO_2^{3-}，HCO_3^-，SO_4^{2-}，Ca^{2+}，Mg^{2+}，Na^+，K^+ 等 8 种主要离子的含量（可计算出离子总量）。测定结果均以千克土所含厘摩尔数（cmol/kg）表示。

2. 主要仪器

天平（感量 0.01 g）；真空泵；振动机；离心机（4000 r/min）；锥形瓶；布氏漏斗或素瓷滤烛；抽滤瓶。

3. 操作步骤

称取通过 2 mm 筛孔的风干土样 50 g，放入干燥的 500 mL 锥形瓶中。用量筒准确加入无二氧碳的纯水 250 mL，加塞，以 220 r/min 震动 3 min。

按土壤悬浊液是否易滤清的情况，选用下列方法之一过滤，以获得清亮的浸出液，滤液用干燥锥形瓶承接。全部滤完后，将滤液充分摇匀，塞好，供测定用。

容易滤清的土壤悬浊液：用 7 cm 直径漏斗上过滤，或用布氏漏斗抽滤，漏斗上用表面皿盖好，以减少蒸发。最初的滤液常呈浑浊状，必须重复过滤至清亮为止。

较难滤清的土壤悬浊液：用皱折的双层紧密滤纸在 10 cm 直径漏斗上反复过滤。碱化的土壤和全盐量很低的粘重土壤悬浊液，可用素瓷滤烛抽滤。如不用抽滤，也可用离心机离心，分离出的溶液也必须清晰透明。

注：

（1）浸出液的土水比例和浸提时间：

用水浸提土壤中易溶盐时，应力求将易溶盐完全溶解出来，同时又须尽可能使难溶盐和中溶盐（碳酸钙、硫酸钙等）不溶解或少溶解，并避免溶出的离子与土壤胶粒吸附的离子发生交换反应。因此应选择适当的土水比例和震荡时间。

各种盐类的溶解度不同，有的相差悬殊，因而有可能利用控制水土比例的方法将易溶盐与中溶盐及难溶盐分离开。采用加水量小的土水比例，较接近于田间实际情况，同时难溶盐和中溶盐被浸出的量也较少。因此有人采用 1 ∶ 2.5 或 1 ∶ 1 的土水比例，或采用饱和泥浆浸出液。加水量小的土水比例，给操作带来的困难很大，特别难适用于粘重土壤。于是有人采用加水量大的土水比例，如 1 ∶ 5、1 ∶ 10 或 1 ∶ 20 等。这样又导致易溶盐总量偏高的结果（特别是含硫酸钙和碳酸钙较多的土壤更为显著）。

在同一土水比例下，浸提的时间愈长，中溶盐和难溶盐被浸出的可能性愈大，土粒与水溶液之间的离子交换反应亦愈完全。由此产生的误差也愈大。前人的研究证明，对于土壤中易溶盐的浸提，一般有 2 ～ 3 min 便足够了。

因此，制备土壤水浸出液时的土水比例和浸提时间必须统一规定，才能使分析结果可以相互比例。本标准现采用国内较通用的 1 ∶ 5 土水比例和震荡 3 min 时间的规定。

（2）盐分分析的土样，可以用湿土样（同时测定土壤水分换算系数 K_1），也可以通过 2 mm 筛孔的风干土样（同时测定 K_2）。

（3）制备浸出液所用的蒸馏水或去离子，放久后会吸收空气中二氧化碳。用这种水浸提土壤时，将会增加碳酸钙的溶解度，故须加热煮沸，逐尽二氧化碳，冷却后立即使用。此外，蒸馏水或去离子水尚须检查 pH 和有无氯离子、钙离子、镁离子。

（4）新的抽滤管在使用前应先用 0.02 mol/L 盐酸浸泡 2 ～ 4 h，用自来水冲洗后，再用水抽洗至无氯离子。使用后，在加压条件下，用毛刷刷洗滤管表面吸附的土粒，然后用水抽洗至无氯离子。

（5）减压过滤的负压，以 81060 ～ 101325 Pa 为宜。抽气过程中，管壁上粘附的土粒过多时，将影响抽滤速度。遇此情况，可取下滤管，用打气筒向管内打气加压，使吸附在管壁的粘土呈壳状脱落下来。然后继续抽滤，可加快过滤速度。

2.33.3 全盐量的测定

1. 质量法

（1）方法要点

准确吸取一定量的土壤浸出液，蒸干除有机质后，在 105 ～ 110 ℃烘箱中烘干、称量，求出全盐量（g/kg）。

（2）试剂

1 ∶ 1 过氧化氢。

（3）主要仪器

分析天平（感量 0.0002 g）；水浴锅；玻璃蒸发皿；干燥器；坩埚钳。

（4）测定步骤

吸取完全清亮的土壤浸出液 50 mL（如用 100 mL 则分两次加，每次加 50 mL），放入已知质量的玻璃蒸发皿（质量一般不超过 20 g）中，在水浴锅上蒸干。

小心地用皮头滴管加入少量 10% ～ 15%H_2O_2，转动蒸发皿，使与残渣充分接触，继续蒸干。如此重复用过氧化氢处理，至有机质氧化殆尽，残渣呈白色为止。

将蒸干残渣在 105 ～ 110 ℃烘箱中烘 2 h，在干燥器中冷却约 30 min 后称重。重复烘、称，直至达到恒重（m_2），即前后两次质量之差不大于 1 mg。

（5）结果计算

$$\text{土壤全盐量 (g/kg)} = \frac{m_2 - m_1}{m} \times 1000$$

式中：

m——相当于 50 mL 浸出液（或 100 mL）的干土质量；

m_1——蒸发皿质量，g；

m_2——全盐量加蒸发皿质量，g。

（6）允许偏差

按表 2-10 规定。

表 2-10　全盐量（质量法）两次测定的允许偏差

全盐量范围 /（g/kg）	允许相对偏差 /%
< 0.5	15 ～ 20
0.5 ～ 2.0	10 ～ 15
2.0 ～ 5.0	5 ～ 10
> 5.0	< 5

注：

（1）质量法测全盐时，吸取浸出液的量应视土壤盐分含量而定，土壤含盐量小于 5.0 g/kg 者，须吸取浸出液 50 ～ 100 mL。

（2）质量法中加过氧化氢去除有机质时，每次加入量只要使残渣湿润即可，以免过氧化氢分解时泡沫过多而使盐分溅失。

（3）质量法测定全盐量的误差来源还有以下几方面；烘干残渣中通常含有少量硅酸盐胶体和未除尽的有机质，造成正误差。碳酸氢根（HCO_3^-）在加热（蒸发或烘干）时将转化为碳酸根（CO_2^{3-}），其质量约减轻一半，故必要时应在测得的全盐量（g/kg）上加 1/2 HCO_3^-，予以校正。当浸出液中含有大量钙离子（Ca^{2+}）镁离子（Mg^{2+}）和氯离子（Cl^-）时，蒸发后形成吸湿性强的二氯化钙（$CaCl_2$）和二氯化镁（$MgCl_2$），难以烘至恒定质量；同时，二氧化镁在加热时易水解成碱式盐而失去质量，造成误差：

$2\ MgCl_2+H_2\ O \rightarrow MgO \cdot MgCl_2+2\ HCl$

190.6　　135.6

遇此情况，可在浸出液中预先加入 10 g/L 碳酸氢钠溶液 25 mL，然后在 180 ℃下烘干，使钙和镁的氯化物（硫酸根含量高时，还有钙、镁的硫酸盐）转化为碳酸盐；在计算全盐量时，从烘干物质量中减去相当于所加入碳酸钠溶液的烘干质量。浸出液中如含有大量硫酸根（SO_4^{2-}），在 105 ～ 110 ℃下烘干物时所形成的钙、镁、硫酸盐含有一定量的水合水，因此造成正误差，遇此情况应改用 180 ℃烘干至恒定质量。

$$\text{相对偏差}\ (\%) = \frac{\text{测定值}-\text{平均值}}{\text{平均值}} \times 1004$$

2. 电导法

（1）方法要点

土壤中的水溶性盐是强电介质，其水溶液具有导电作用。导电能力的强弱可用电导率表示。在一定的浓度范围内，溶液的含盐量与电导率呈正相关，含盐量愈高，溶液的渗透压愈大，电导率也愈大。土壤浸出液的电导率可用电导仪测定，并直接用电导率的数值来表示土壤含盐量的高低。

（2）试剂

0.02 mol/L 氯化钾标准溶液：称取 1.491 g 氯化钾（分析纯），在 105 ℃烘 4 ～ 6 h，溶于无二氧化碳的水中，定容至 1 L。

（3）测定步骤

①将电导电级引线接到仪器相应的接线柱中，接上电源，打开电源开关。

②电导电极用待测液冲洗几次后插入待测液中，按仪器操作法读取电导数值。

③取出电极，用水冲洗干净，用滤纸吸干，测量待测液的温度。

（4）结果计算

25 ℃时，1 ∶ 5 土壤水浸出液的电导率计算：

$$L = C \times f_t \times K$$

式中：

L——25 ℃时，1 ∶ 5 土壤水浸出液的电导率；

C——测得的电导值；

f_t——温度校正系数；

K——电极常数（电导仪上如有补偿装置，不需乘电极常数）。

注：

（1）溶液的电导率不仅与溶液的离子浓度和离子负荷有关，而且受的温度、电导电极常数等因素的影响。温度的影响是：离子电导度随温度而变，对于大多数离子来说，每增加 1 ℃，电导值约增加 2%，通常需将不同温度下测得的电导值换算成 25 ℃时的电导值。温度校正系数求法如下：

$$f_t = \frac{1}{1 + a(t - t_0)}$$

式中：

a——温度校正值，一般可取 0.02 ；

t_0——25 ℃ ；

t——测定时待测液温度，℃。

（2）电极常数 K 值的测定：

电极的铂片面积 A 与间距 L 不一定是标准的，因此必须测定电极常数 K 值。测定的方法是：用电导电极来测量已知电导率的氯化钾标准溶液，即可算出该电极常数 K 值：

$$K = \frac{L}{C}$$

式中：

L——氯化钾标准溶液的电导率；

C——测得氯化钾标准溶液的电导值；

K——电导电极常数。

在不同温度时，氯化钾标准溶液的电导率如表 2-11 所示。

表 2-11　0.0200 mol/L 氯化钾标准溶液在不同温度下的电导率表

t/℃	电导率 /（mS/cm）	t/℃	电导率 /（mS/cm）	t/℃	电导率 /（mS/cm）	t/℃	电导率 /（mS/cm）
11	2.043	16	2.294	21	2.553	26	2.819
12	2.093	17	2.345	22	2.606	27	2.873
13	2.142	18	2.397	23	2.659	28	2.927
14	2.193	19	2.449	24	2.712	29	2.981
15	2.243	20	2.501	25	2.765	30	3.096

（3）估测全盐量的电导法比质量法简便快速的多，因此在大批样品分析时很有用处。电导法的结果以直接用电导率（mS/cm 或 μS/cm）表示最为方便，不必换算成全盐量（g/kg）。

用土壤饱和泥浆的电导率来估测土壤全盐量，其结果较接近于田间情况，并已有明确的应用指标。目前国内为了避免泥浆损坏电极的铂黑层，多采用 1 ∶ 5 土水比例的浸出液作电导测定。该浸出液的电导率与土壤全盐量（g/kg）及作物生物关系的指标，近年来不少单位正在进行研究和拟定。如新疆农垦总局通过研究，对南疆盐土 1 ∶ 5 浸出液的电导率与土壤盐渍化等级初步提出的指标是：电导率（mS/cm）小于 1.8 为非盐渍化土，1.8 ～ 2.0 为可疑，大于 2.0 为盐渍化土。

（4）电导法测定全盐量时，最好用清亮的待测液。若用悬浊液，应先澄清，并在测定时不再搅动，以免损坏电极的铂黑层。

2.33.4　碳酸根和重碳酸根的测定

1. 方法要点

浸出液中同时存在的碳酸根和重碳酸根，可用标注酸分步滴定。第一步在待测液中加入酚酞指示剂，用标准酸滴定至溶液由红色变为不明显的浅红色终点（pH8.3），此时中和了碳酸根的一半量。再加入甲基橙指示剂，继续用标准酸滴定至溶液由黄色变至橙红色终点（pH3.8），此时溶液中的碳酸根和重碳酸根全部被中和。由标准酸的两步用量分别求出土壤中碳酸根及重碳酸根含量。

2. 试剂

（1）1 g/L 甲基橙指示剂：称取 0.1 g 甲基橙溶于 100 mL 水中。（现用现配）

（2）10 g/L 酚酞指示剂：称取 1 g 酚酞溶于 100 mL 无水乙醇溶液中。

（3）指示剂：称取 0.099 g 溴甲酚绿和 0.066 g 甲基红溶解于 100 mL 95% 乙醇中。

（4）酸标准溶液：0.02 mol/L（1/2 H_2SO_4）

用移液管或移液器量取 2.83 mL 的 H_2SO_4，加水稀释至 5 L。

（5）0.0200 mol/L 1/2 $Na_2B_4O_7$（硼砂）标准溶液：称取 1.9068 g 硼砂（$Na_2B_4O_7 \cdot 10H_2O$，需使用实验室干燥器中平衡好的），溶解于 300 mL 水中，移入 500 mL 容量瓶中，用水定容。

（6）标定：用移液器准确吸取 10 mL 0.02 mol/L 硼砂标准溶液 2 ～ 3 份于 150 mL 三角瓶中，分别加 3 ～ 4 滴指示剂，用于标定硫酸标准溶液浓度。

（7）计算公式：

$$C = \frac{0.02 \times V}{V_1}$$

式中：

C——硫酸精确浓度，mol/L；

0.02——0.02 mol/L 硼砂标准溶液浓度，mol/L；

V——吸取 0.02 mol/L 硼砂标准溶液体积，mL；

V_1——滴定 0.02 mol/L 硼砂标准溶液所用去的硫酸溶液的体积，mL。

3. 主要仪器

数字滴定器（50 mL），移液管（25 mL），锥形瓶（150 mL）。

4. 测定步骤

（1）用移液管吸取浸出液 25.00 mL，放入 150 mL 锥形瓶中，加入酚酞指示剂 1 滴。如溶液不现粉红色，表示无碳酸根存在，应继续测定重碳酸根；如现红色，则用数字滴定器加入硫酸标准溶液，随滴随摇，直至粉红色不很明显为止。记录所用硫酸溶液的毫升数 V_1。

（2）再向溶液中加入甲基橙指示剂 2 滴，继续用硫酸标准溶液滴定至溶液刚由黄色突变为橙红色为止。记录此段滴定所用硫酸溶液的毫升数 V_2。

5. 结果计算

碳酸根

$$CO_3^{2-}，cmol(\frac{1}{2}CO_3^{2-})/kg=\frac{2V_1\times C\times D}{m\times 10}\times 1000$$

$$CO_3^{2-},g/kg=cmol(\frac{1}{2}CO_3^{2-})/kg\times 0.0300\times 10$$

重碳酸根

$$HCO_3^-,cmol(HCO_3^-)/kg=\frac{(V_2-V_1)\times C\times D}{m\times 10}\times 1000$$

$$HCO_3^-,g/kg=HCO_3^-,cmol(HCO_3^-)/kg\times 0.061\times 10$$

式中：

V_1 和 V_2——分步滴定消耗硫酸标准溶液体积，mL；

C——硫酸标准溶液的浓度，mol/L；

1000——换算成每 kg 含量；

m——称取试样质量，本试验为 50 g；

D——分取倍数，250/25；

0.0300 和 0.0610——1/2 CO_3^{2-} 和 HCO_3^- 的毫摩尔质量，g。

平行测定结果用算术平均值表示，保留二位有效数字。

6. 允许偏差

按表 2-12 规定。

表 2-12 允许偏差

各离子含量的范围 /（cmol/kg）								相对偏差 /%
CO_3^{2-}	HCO_3^-	SO_4^{2-}	Cl^-	Ca^{2+}	Mg^{2+}	Na^+	K^+	
< 0.25	< 0.5	< 0.25	< 0.5	< 0.25	< 0.25	< 0.5	< 0.5	10 ～ 15
0.25 ～ 0.5	0.5 ～ 1.0	0.25 ～ 0.5	0.5 ～ 1.0	0.25 ～ 0.5	0.25 ～ 0.5	0.5 ～ 1.0	0.5 ～ 1.0	5 ～ 10
0.5 ～ 2.5	1.0 ～ 5.0	0.5 ～ 2.5	1.0 ～ 5.0	0.5 ～ 2.5	0.5 ～ 2.5	1.0 ～ 5.0	1.0 ～ 5.0	3 ～ 5
> 2.5	> 5.0	> 2.5	> 5.0	> 2.5	> 2.5	> 5.0	> 5.0	< 3

注：

碳酸根和重碳酸根的测定必须在过滤后立即进行，不宜放置过夜，否则由于浸出液吸收或释放二氧化碳而产生误差。滴定碳酸根的等当点 pH 应为 8.3，此时酚酞微呈桃红色；如滴定至完全无色，pH 已小于 7.7。如果对终点的辨认无把握时，可以用 pH 计测定 pH 来配合判断终点。

2.33.5 氯根的测定

1. 方法要点

根据分别沉淀的原理，用硝酸银（$AgNO_3$）标准溶液滴定氯离子（Cl^-），以铬酸钾（K_2CrO_4）为指示剂。等当点前生成氯化银白色沉淀，等当点后开始生成砖红色铬酸银（Ag_2CrO_4）沉淀，由所消耗硝酸银标准溶液的量，求得土壤中氯根（Cl^-）含量。溶液的 pH 应在 6.5 ～ 10.5 之间。

2. 试剂

（1）0.04 mol/L 硝酸银标准溶液：称取 6.80 g 硝酸银（$AgNO_3$，分析纯）溶于水，转入 1 L 容量瓶中，稀释至刻度。保存于棕色瓶中，必要时用氯化钠标定其浓度。

（2）0.04 mol/L 碳酸氢钠溶液：称取 1.7 g 碳酸氢钠（$NaHCO_3$）溶于水中，稀释至 1 L。

（3）50 g/L 铬酸钾指示剂：称取 5 g 铬酸钾（K_2CrO_4）溶于水中，逐滴加入 1 mol/L 硝酸银标准溶液至刚有砖红色沉淀生成为止，放置过夜后，过滤，稀释至 100 mL。

3. 主要仪器

数字滴定器（50 mL），移液管（25 mL），锥形瓶（150 mL）。

4. 测定步骤

用移液管吸取浸出液 25.00 mL，放入 150 mL 锥形瓶中，加入 50 g/L 铬酸钾指示剂 5 滴。用数字滴定器加入 0.04 mol/L 硝酸银标准溶液，随滴随摇，直至生成的砖红色沉淀不再消失为止。记录所用硝酸银的毫升数（V）。

如土壤浸出液中氯根含量很高，可减少浸出液的用量，另取一份进行测定。

5. **结果计算**

$$土壤\ Cl^-, cmol(Cl^-)/kg = \frac{C \times (V - V_0) \times D}{m \times 10} \times 1000$$

$$土壤\ Cl^-, g/kg = cmol(Cl^-)/kg \times 0.0355 \times 10$$

式中：

V 和 V_0——滴定待测液和空白消耗硝酸银标准溶液的体积，mL；

C——硝酸银标准溶液浓度，mol/L；

D——分取倍数，250/25；

1000——换算成每 kg 含量；

m——称取风干试样质量，50 g；

0.0355——Cl^- 的毫摩尔质量，g。

平行测定结果用算术平均值表示，保留二位有效数字。

注：

（1）硝酸银滴定法（莫尔法）测定氯根 (Cl^-) 时，溶液的 pH 应在 6.5 ～ 10.5 之间。铬酸银能溶于酸，故溶液 pH 值不能低于 6.5；若 pH>10，则会生成氧化银黑色沉淀。所以在滴定前，应用碳酸氢钠溶液调节至 pH ≈ 7。

（2）待测定液如有颜色，可用电位滴定法测定。

2.33.6 硫酸根的测定

1. **应用范围**

本方法适用于各类型土壤中水溶液 SO_4^{2-} 的测定。

2. **方法要点**

在土壤浸出液中加入钡镁混合液，Ba^{2+} 将溶液中的 SO_4^{2-} 完全沉淀并过量。过量的 Ba^{2+} 和加入的 Mg^{2+}，连同浸出液中原有的 Ca^{2+}、Mg^{2+}，在 pH10.0 的条件下，以络黑 T 为指示剂，用 EDTA 标准溶液滴定，有沉淀 SO_4^{2-} 净消耗的 Ba^{2+} 量，计算吸取的浸出液中 SO_4^{2-} 量。添加一定量的 Mg^{2+}，可使终点清晰。为了防治 $BaCO_3$ 沉淀生成，土壤浸出液必须酸化，同时加热至沸以赶去 CO_2，并趁热加入钡镁混合液，以促进 $BaSO_4$ 沉淀熟化。

吸取的土壤浸出液中 SO_4^{2-} 量的适宜范围约为 0.5 ～ 10.0 mg，如 SO_4^{2-}

浓度过大，应减少浸出液的用量。

3. 试剂

（1）（1+1）盐酸溶液：量取 1 个体积盐酸与 1 个体积的水混合。

（2）钡镁混合溶液：称取 2.44 g 氯化钡（$BaCl_2 \cdot 2H_2O$）和 2.04 g 氯化镁（$MgCl_2 \cdot 6H_2O$）溶于水，稀释至 1 L。此溶液中 Ba^{2+} 和 Mg^{2+} 的浓度各为 0.01 mol/L, 每毫升约可沉淀 SO_4^{2-}1 mg。

（3）pH10 氨缓冲溶液：称取 67.5 g 氯化铵溶于去 CO_2 水中，加入新开瓶的浓氨水（含 $NH_3$25%）570 mL，用水稀释至 1 L。贮于塑料瓶中，注意防治吸收空气中 CO_2。

（4）0.02 mol/L EDTA 标准溶液：称取 7.440 g 乙二胺四乙酸二钠，溶于水中，定容至 1 L。称取 0.25（精确至 0.0001 g）于 800 ℃灼烧至恒量的基准氧化锌放入 50 mL 烧杯中，用少量水湿润，滴加 6 mol/L 盐酸溶液至氧化锌溶解，移入 250 mL 容量瓶中，定容。取 25 mL，加入 70 mL 水，用 10% 氨水中和至 pH7 ～ 8，加 10 mL 氨 – 氯化铵缓冲溶液（pH10），加 5 滴络黑 T 为指示剂，用配置待标定的 0.02 mol/L 乙二胺四乙酸二钠溶液滴定至溶液由紫色变为纯蓝色，同时作空白试验。乙二胺四乙酸二钠标准溶液的准确浓度由式计算：

$$C = \frac{m}{(V_1 - V_2) \times 0.08138}$$

式中：

C——乙二胺四乙酸二钠标准溶液浓度，mol/L；

m——称取氧化锌的量，g；

V_1——乙二胺四乙酸二钠溶液用量，mL；

V_2——空白试验乙二胺四乙酸二钠溶液用量，mL；

0.08138——氯化锌的毫摩尔质量，g。

（5）络黑 T 为指示剂：称取 0.5 g 络黑 T 与 100 g 烘干的氯化钠，共研磨至极细，贮于棕色瓶中。

4. 分析步骤

（1）吸取待测液 5.00 ～ 25 mL（视 SO_4^{2-} 含量而定）于 150 mL 三角瓶中，加（1+1）盐酸溶液 2 滴，加热至沸腾，趁热缓缓地加入过量 25% ～ 100%

的钡镁混合液（5.00 ～ 20.0 mL），并继续微沸 3 min，放置 2 h 后，加入氨缓冲液 5 mL，加入络黑 T 为指示剂 1 小勺（约 0.1 g），摇匀后立即用 EDTA 标准溶液滴定至溶液由酒红色突变为纯蓝色，记录消耗 EDTA 标准溶液的体积（V_2）。

（2）空白（钡镁混合液）标定：取与以上所吸待测液同量的蒸馏水于 150 mL 三角瓶中，以下操作与上述待测液测定相同。记录消耗 EDTA 标准溶液的体积（V_0）。

（3）待测液中 Ca^{2+}、Mg^{2+} 含量的测定：吸取同体积待测液于 150 mL 三角瓶中，加（1+1）盐酸溶液 2 滴，充分摇动，煮沸 1 min 赶 CO_2，冷却后，加 pH10.0 氨缓冲液 4 mL，加入络黑 T 为指示剂 1 小勺（约 0.1 g），摇匀后立即用 EDTA 标准溶液滴定至溶液由酒红色突变为纯蓝色，记录消耗 EDTA 标准溶液的体积（V_1）。

5. **结果计算**

$$SO_4^{2-},\mathrm{cmol}\left(\frac{1}{2}SO_4^{2-}\right)/\mathrm{kg}=\frac{2C\times\left(V_0+V_1-V_2\right)\times D}{m\times 10}\times 1000$$

$$SO_4^{2-},\mathrm{g}/\mathrm{kg}=SO_4^{2-},\mathrm{cmol}\left(\frac{1}{2}SO_4^{2-}\right)/\mathrm{kg}\times 0.0480\times 10$$

式中：

C——EDTA 标准溶液浓度，mol/L；

m——称取试样质量（g），本试验为 50 g；

D——分取倍数，250/5 ～ 25；

V_0——空白试验所消耗 EDTA 标准溶液体积，mL；

V_1——滴定待测液中 Ca^{2+}、Mg^{2+} 合量所消耗 EDTA 标准溶液体积，mL；

V_2——滴定待测液中 Ca^{2+}、Mg^{2+} 及与 SO_4^{2-} 作用后剩余钡镁混合液中 Ba^{2+}、Mg^{2+} 所消耗 EDTA 标准溶液体积，mL；

1000——换算为每千克含量；

0.0480——1/2 SO_4^{2-} 的毫摩尔质量，g。

平行测定结果用算术平均值表示，保留两位小数。

6. 精密度

按表 2-13 规定的方法测定。

表 2-13　硫酸根离子平行测定结果允许相对相差

硫酸根离子含量范围 /（mmol/kg）	相对相差 /%
< 2.5	15 ～ 20
2.5 ～ 5.0	10 ～ 15
5.0 ～ 25	5 ～ 10
> 25	< 5

7. 注意事项

（1）若吸取的土壤待测液中 SO_4^{2-} 含量过高时，可能出现加入的 Ba^{2+} 量不能将 SO_4^{2-} 沉淀完全的情况，此时滴定值表现为 $V_1+V_0-V_2 \approx V_0/2$，此时应将土壤待测液的吸取量减少，重新滴定，以使 $V_1+V_0-V_2<V_0/2$，但改吸后测定待测液 Ca^{2+}、Mg^{2+} 合量的吸取待测液量也应相应改变。

（2）加入钡镁混合液后，若生成的 $BaSO_4$ 沉淀很多，影响滴定终点的观察，可用滤纸过滤，并用热水少量多次洗涤至 SO_4^{2-}，滤液再用来滴定。

2.33.7　钾、钠、钙、镁离子的测定

1. 方法要点

待测液经过酸化，以防止钙和镁离子沉淀。由氩气作为载气，用电感耦合等离子体发射光谱法进行定量分析。

待测液中存在的离子主要为钾离子、钠离子、钙离子、镁离子、硫酸根离子、氯离子、硅酸根离子、碳酸根离子、碳酸氢根离子、硝酸根离子、氨离子、磷酸根离子。这些离子大量的共存所引起的离子间的干扰轻微，不影响本法的测定。

2. 试剂

（1+4）盐酸溶液：量取 1 个体积盐酸与 4 个体积的水混合。

3. 主要仪器

电感耦合等离子体发射光谱（ICP–OES）

4. 分析步骤

（1）过滤的土壤浸出液应立即酸化（一般 50 mL 溶液中加入 1+4 盐酸溶液 1 滴），以防止钙和镁离子沉淀。酸化后的待测液以波长：钾 769.8 nm、钠 589.5 nm、钙 315.8 nm、镁 202.5 nm 用电感耦合等离子体发射光谱法进行定量分析。

（2）标准贮存液:（网上购买）

钾、钠、钙、镁的 1000 μg/mL 标准贮存液，购买国家标准有证单元素溶液。

（3）工作曲线的绘制（表 2–14）。

表 2–14　标准曲线的配比方法

编号	元素	标准溶液 / (μg/mL)	标准系列溶液 1		标准系列溶液 2		标准系列溶液 3	
			ppm	mL	ppm	mL	ppm	mL
1	钙(Ca)	1000	5	0.5	10	1	30	3
2	镁 (Mg)	1000	2	0.2	5	0.5	10	1
3	钾 (K)	1000	5	0.5	10	1	30	3
4	钠 (Na)	1000	2	0.2	5	0.5	10	1

（4）特别注意：

①钠 (Na)：一定要用塑料容量瓶。

②根据自己样品的含量多少，可以增加或减少标准曲线浓度，样品测定浓度尽量控制在标准曲线浓度范围内。

5. 结果计算

$$\text{土壤 } Ca^{2+} \text{ 含量}\left[\mathrm{cmol}\left(\frac{1}{2}Ca^{2+}\right)/\mathrm{kg}\right]=\frac{C\times V}{m\times 10^{3}\times 200.4}\times 1000$$

$$\text{土壤 } Ca^{2+} \text{ 含量}(\mathrm{g/kg})=Ca^{2+} \text{ 含量}\left[\mathrm{cmol}\left(\frac{1}{2}Ca^{2+}\right)/\mathrm{kg}\right]\times 0.200$$

式中：

C——待测液中钙离子的浓度，μg/mL；

m——称取试样质量（g），本试验为 50 g；

V——待测液的体积（mL）本试验为 250 mL；

200.4——每厘摩尔钙离子（1/2 Ca^{2+}）的质量，mg；

0.200——每厘摩尔钙离子（1/2 Ca^{2+}）的质量，g。

$$\text{土壤 } Mg^{2+} \text{ 含量}\left[\text{cmol}\left(\frac{1}{2}Mg^{2+}\right)/\text{kg}\right]=\frac{C\times V}{m\times 10^{3}\times 121.5}\times 1000$$

$$\text{土壤 } Mg^{2+} \text{ 含量}(\text{g}/\text{kg})=Mg^{2+} \text{ 含量}\left[\text{cmol}\left(\frac{1}{2}M^{2+}\right)/\text{kg}\right]\times 0.122$$

式中：

C——待测液中镁离子的浓度，μg/mL；

m——称取试样质量（g），本试验为 50 g；

V——待测液的体积（mL），本试验为 250 mL；

121.5——每厘摩尔镁离子（1/2 Ca^{2+}）的质量，mg；

0.122——每厘摩尔镁离子（1/2 Ca^{2+}）的质量，g。

$$\text{土壤 } Na^{+}\text{含量}\left[\text{cmol}\left(Na^{+}\right)/\text{kg}\right]=\frac{C\times V}{m\times 10^{3}\times 230}\times 1000$$

$$\text{土壤 } Na^{+}\text{含量}(\text{g}/\text{kg})=Na^{+}\text{含量}\left[\text{cmol}\left(Na^{+}\right)/\text{kg}\right]\times 0.230$$

式中：

C——待测液中钠离子的浓度，μg/mL；

m——称取试样质量（g），本试验为 50 g；

V——待测液的体积（mL），本试验为 250 mL；

230——每厘摩尔钠离子（Na^{+}）的质量，mg；

0.230——每厘摩尔钠离子（Na^{+}）的质量，g。

$$\text{土壤 } K^{+}\text{含量}\left[\text{cmol}\left(K^{+}\right)/\text{kg}\right]=\frac{C\times V}{m\times 10^{3}\times 390}\times 1000$$

$$\text{土壤}K^{+}\text{含量 }(\text{g}/\text{kg})=K^{+}\text{含量}\left[\text{cmol}(K^{+})/\text{kg}\right]\times 0.390$$

式中：

C——待测液中钾离子的浓度，μg/mL；

m——称取试样质量（g），本试验为 50 g；

V——待测液的体积（mL），本试验为 250 mL；

390——每厘摩尔钾离子（K^+）的质量，mg；

0.390——每厘摩尔钾离子（K^+）的质量，g。

2.33.8 离子总量的计算

1. 结果计算

土壤中水溶性盐离子总量 [$cmol(e^-+p^+)/kg$]=$cmol(1/2\ CO_3^{2-}+HCO_3^-+Cl+1/2\ SO_4^{2-})/kg+cmol(1/2\ Ca^{2+}+1/2\ Mg^{2+}+K^++Na^+)/kg$

土壤中水溶性盐离子总量（g/kg）=$(CO_3^{2-}+HCO_3^-+CI+SO_4^{2-})/kg+(Ca^{2+}+Mg^{2+}+K^++Na^+)/kg$

2. 允许偏差

按表 2–15 规定。

表 2–15 全盐量（质量法）与离子总量之间的允许偏差

全盐量范围 /（g/kg）	相对偏差 /%
0.5 ～ 2.0	20 ～ 15
2.0 ～ 5.0	15 ～ 10
＞5.0	10 ～ 5

2.34 土壤阳离子交换量的测定

2.34.1 方法依据

HJ 889—2017 土壤阳离子交换量的测定 三氯化六氨合钴浸提 – 分光光度计

2.34.2 方法要点

在（20±2）℃条件下，用三氯化六氨合钴溶液作为浸提液浸提土壤，土壤中的阳离子被三氯化六氨合钴交换下来进入溶液。三氯化六氨合钴在

475 nm 处有特征吸收，吸光度与浓度成正比，根据浸提前后浸提液吸光度差值，计算土壤阳离子交换量。

2.34.3 适用范围

本方法适用于 pH ≥ 6.0 的土壤阳离子交换量的测定。

2.34.4 干扰和消除

当试样中溶解的有机质较多时，有机质在 475 nm 处也有吸收，影响阳离子交换量的测定结果。可同时在 380 nm 处测量试样吸光度，用来校正可溶有机质的干扰。

假设 A_1 和 A_2 分别为试样在 475 nm 和 380 nm 处测量所得的吸光度，则试样校正吸光度（A）为：$A=1.025\ A_1-0.205\ A_2$。

2.34.5 试剂

（1）三氯化六氨合钴 $[Co(NH_3)_6\ Cl_3]$: 优级纯。

（2）三氯化六氨合钴溶液：$c[Co(NH_3)_6\ Cl_3]=1.66$ cmol/L。

准确称取 4.458 g 三氯化六氨合钴溶于水中，定容至 1 L,4 ℃低温保存。

2.34.6 仪器

（1）分光光度计；

（2）恒温振荡器；

（3）离心机。

2.34.7 操作步骤

（1）称取 3.5 g（精确到 0.01 g）通过 1.7 mm 筛孔的风干土样，置于 125 mL 塑料广口瓶中，准确加入 50 mL 三氯化六氨合钴溶液，旋紧密封盖，置于振荡器上，在（20 ± 2）℃条件下振荡（60 ± 5）min，调节振荡频率在 220 r/min，使土壤浸提液混合物在振荡过程中保持悬浮状态。振荡结束后静止 30 min，（如果待测液浑浊，以 4000 r/min 离心 10 min）过 0.45 μm 滤膜，收集滤液于 10 mL 离心管中，24 h 内完成分析。

（2）用石英砂代替土壤，按照与试样的制备相同的步骤进行实验室空白试样制备。

（3）分别吸取 0.00 mL、1.00 mL、3.00 mL、5.00 mL、7.00 mL、9.00 mL

三氯化六氨合钴溶液：$c[Co(NH_3)_6Cl_3]=1.66$ cmol/L 于 6 个 10 mL 比色管中，分别用水稀释至标线，三氯化六氨合钴溶液分别为 0.000 cmol/L、0.166 cmol/L、0.498 cmol/L、0.830 cmol/L、1.160 cmol/L 和 1.490 cmol/L。用 10 mm 比色皿在波长 475 nm 和 380 nm 处，以水为参比，分别测量吸光度。以标准系列溶液中三氯化六氨合钴溶液的浓度（cmol/L）为横坐标，以其对应吸光度为纵坐标，绘制标准曲线。

（4）按照与标准曲线的绘制相同的步骤进行试样与空白试验的测定。

2.34.8 结果计算

$$\text{阳离子交换量（CEC）} \mathrm{cmol(+)/kg} = \frac{(C_0 - C_1) \times V \times 3}{m}$$

式中：

C_0——在 475 nm 处，从工作曲线上查得空白显色液的阳离子交换量浓度，cmol/L；

C_1——在 475 nm 处，从工作曲线上查得试样显色液的阳离子交换量浓度，cmol/L；

V——浸提液体积，mL，本试验为 50 mL；

3——$[Co(NH_3)_6]^{3+}$ 的电荷数；

m——烘干土样质量，g。

2.34.9 注意事项

每批样品应做标准曲线，标准曲线的相关系数不应小于 0.999。

2.35 土壤酶活性测定实验方法

2.35.1 方法依据

（1）Nannipieri, P. *et al.* Soil enzymology[J]. classical and molecular approaches, 2012, 48: 743–762.

（2）Chen, L. *et al.* Nitrogen availability regulates topsoil carbon dynamics after permafrost thaw by altering microbial metabolic efficiency. *Nat*

Commun 9, 3951, doi:10.1038/s41467-018-06232-y (2018).

2.35.2　实验原理

4- 羟甲基 -7- 香豆素 (MUB) 在 365 nm 波长处激发，能在 460 nm 处检测到荧光，它与某些物质 (例如 β-D- 木糖和 β-D- 纤维二糖) 结合荧光特性消失，通过酶的水解作用 MUB 释放出来，通过检测荧光量来表征酶活性。

2.35.3　适用范围

此方法适用于多种参与土壤碳和养分循环的细胞胞外酶活性的测定，包括 7 种水解酶和 2 种氧化酶。水解酶包括 α-glucosldase(分解糖类为葡萄糖)、β-glucosldase(水解纤维二糖为葡萄糖)、celloblohydrolase (分解纤维素)、β-Xylosidase(分解半纤维素)、leucine aminopeptidase(分解蛋白质)、N-acetyl-glucosamLnldase(分解几丁质) 和 Posphatase(从有机物释放无机磷酸盐), 氧化酶包括多酚氧化酶 (氧化酚类)、过氧化物酶 (包括降解木质素的氧化酶类)。

2.35.4　仪器

天平，称量纸，称量勺，纸巾，烧杯，培养皿，量筒，大塑料瓶（1 L），小塑料瓶（100 mL），容量瓶（1 L），搅拌子，磁搅拌机，微孔板（黑色 & 透明），微孔条（和微孔板相配），微量进液器（50 mL&200 mL 量程），枪头，封口袋（保鲜膜），培养箱，酶标仪。

2.35.5　试剂配制（试剂配制需要用超纯水）

1.Buffer 溶液（50 mmol/L）

Buffer 溶液的选择以土壤 pH 为依据，常用的两种 Buffer 为乙酸钠溶液（pH=4.76，适用于酸性和中性土壤）和 Tris 溶液 (pH=8.06，适用于碱性土壤）

（1）50 mmol/L 乙酸钠溶液配置：称取 20.5 g 无水乙酸钠溶解于 2 L 水中，定容至 5 L。（常用 Buffer 溶液）

（2）50 mmol/L Tris 溶液配置：称取 6.057 g Tris 溶解于 800 mL 水中，用水定容至 1 L。

注：Buffer 的 pH 应为所测土壤的 pH（乙酸钠用氢氧化钠溶液和冰醋酸

溶液调 pH，Tris 用 HCl 调节 pH）。配置的 Buffer 可在 4 ℃下保存一周。

2.EDTA 二钠溶液（5 mmol/L）

5 mmol/L EDTA 二钠溶液：称取 186.1 mg EDTA 二钠溶于 80 mL 水，用 1 moI/L 氢氧化钠溶液调（pH8.0），然后用水定容至 100 mL。（EDTA 二钠在碱性条件下络合效果好）

3.1 mol/L 氢氧化钠溶液

称取 40 g 氢氧化钠溶于水中，冷却后，定容 1 L。

4. 底物溶液

可于 –20 ℃下储存 2 个月，底物溶液于温水中解冻，不能反复冻融。

（1）L–DOPA（左旋多巴）（25 mmol/L）493 mg/100 mL

（2）AG（200 μmol/L） 6.77 mg/100 mL

4–METHYLMMBELLlFERYL–A–D–gLUCOSlDE

4– 甲基伞形酮 – β –D– 葡糖苷

（3）BG（200 μmol/L） 6.77 mg/100 mL

4–METHYLMMBELLlFERYL–B–D–gLUCOSlDE

（4）CB（200 μmol/L） 10 mg/100 mL

4–METHYLMMBELLlFERYL B–D–CELLOBlOSlDE

4– 甲基伞形酮 – β –D– 纤维素二糖苷

（5）XS（200 μmol/L） 6.17 mg/100 mL

4–Methylμmol/Lbelliferyl– β –D–xylopyranoside

4– 甲基伞形酮酰 – β –D– 吡喃木糖苷

用途：β –xylosidase substrate（Slgma）

（6）NAG（200 μmol/L） 7.59 mg/100 mL

4–Methylμmol/Lbelliferyl N–acetyl– β –D–glucosaminide

4– 甲基伞形酮 –N– 乙酰氨基 – β –D– 吡喃葡萄糖苷

用途：β –N–acetylhexosaminidase substrate（Sigma）

β –N– 乙酰基氨基已糖酶的底物。

（7）AP（200 μmol/L） 5.12 mg/100 mL

N–Acetyl–D–glucosamine

N– 乙酰 –D– 葡萄糖胺

（8）LAP (200 μmol/L)　　6.5 mg/100 mL

L–Leucine–7–amido–4–methylcoμmol/Larin hydrochloride

L– 亮氨酰 7– 氨基 –4– 甲基香豆素盐酸盐

5. **标准液**

（1）MUB 4– 甲基伞形酮（现用现配或配完分若干份 –20 ℃保存可保存 2 个月）。

100 μmol/L 的 MUB 标准液：称取 17.6 mg 4– 甲基伞形酮溶于 850 mL（70 ℃左右）热水中（再放入超声波清洗器中搅拌加速溶解），冷却后，定容至 1 L。

分别吸取 100 μmol/L 的 MUB，0 mL、2.5 mL、5 mL、10 mL、25 mL、50 mL 于 100 mL 容量瓶中，用水定容，得 0 μmol/L、2.5 μmol/L、5 μmol/L、10 μmol/L、25 μmol/L、50 μmol/L 标准系列 MUB。

（2）MUC 7– 氨基 –4– 甲基香豆素 (Chromophore for substrates (Sigma))（同上）

100 μmol/L 的 MUC 标准液：称取 17.5 mg 7– 氨基 –4– 甲基香豆素溶于 850 mL（70 ℃左右）热水中（同上），冷却后，定容至 1 L。（溶液呈微蓝色、轻微浑浊属于正常。）

余下步骤和 MUB 一样，配置不同浓度的 MUC 标准液。

注：所有底物为粉末状固体，且不易溶解，需适量加热 & 搅拌。

2.35.6　操作步骤　【注：浸提液浑浊离心后使用效果更佳（以 2900 r/min 离心 5 min）】

1. **多酚氧化酶** (PPO) **测定（吸光度法，波长** 450 nm。）

（1）称取约 1 g（ ± 0.001 g）新鲜过筛（2 mm）土壤，放入 150 mL 的烧杯中，加入 91 mLBuffer，搅拌约 1 min，（有资料然后静置 30 min）用微量进液器添加到透明的微孔板中。根据位置加入 Buffer（B）和 DOPA（D）和 EDTA（E），具体如表 2–16 所示。

表 2-16 各种试剂加入的量（μL）

	1	2	3	4	5	6
A	150 B +100 B	150 B+100 B	150 B+100 B	150 B+100 B	150 B+100 B	150 B+100 B
B	150 B+ 50 D+50 E	150 B+ 50 D+50 E	150 B+ 50 D+50 E	150 B+ 50 D+50 E	150 B+ 50 D+50 E	150 B+ 50 D+50 E
C	150 S_1 +100 B	150 S_1+ 100 B	150 S_1+ 100 B	150 S_1+ 100 B	150 S_1+ 100 B	150 S_1+ 100 B
D	150 S_1+ 50 D+50 E	150 S_1+ 50 D+50 E	150 S_1+ 50 D+50 E	150 S_1+ 50 D+50 E	150 S_1+ 50 D+50 E	150 S_1+ 50 D+50 E
E	150 S_2 +100 B	150 S_2+ 100 B	150 S_2+100 B	150 S_2+100 B	150 S_2+ 100 B	150 S_2+100 B
F	150 S_2+ 50 D+50 E	150 S_2+ 50 D+50 E	150 S_2+ 50 D+50 E	150 S_2+ 50 D+50 E	150 S_2+ 50 D+50 E	150 S_2+ 50 D+50 E
G	空	空	空	空	空	空
H	空	空	空	空	空	空

注：如果土壤中不含有还原性离子(2 价铁离子等)，则不需要添加 EDTA，50 μL EDTA 换成 50 μL buffer 溶液。

字母为加入的试剂，B=Buffer，D=DOPA，S=soil solution，E=EDTA

第 1,2 行是空白对照，OD2–OD1 就是 L–DOPA 显色的空白对照吸光度

第 3,4 行是土壤样品 S_1，OD4–OD3 为 S_1 催化 L–DOPA 的吸光度

同理，第 5,6 行是土壤样品 S_2，OD6–OD5 为 S_2 催化 L–DOPA 的吸光度，以此类推。

（2）用保鲜膜包好后，放在 25 ℃培养约 20 h 后进行读数（吸光度，波长 450 nm，OD450），根据 L–DOPA 的 extilnction coefficient，土壤干重，反应时间等和相应的浓度转换，把吸光度值换算为土壤 PPO 的活性。

2. 水解酶测定（荧光度法，波长 365/450 nm。）

（1）称取约 2.75 g（±0.001 g）新鲜过筛（2 mm）土壤，放入 150 mL 的烧杯中，加入 91 mL Buffer，搅拌约 1 min，用微量进液器添加到黑色的微孔板中。

（2）为保证标准曲线培养时间与样品培养时间一致，标准液于土壤溶液前加入，水解酶底物溶液于土壤溶液后加入。完成溶液的加入后，用保鲜膜密封并立即放入培养箱培养。

以 S1 为例，在微孔板中的排列如下。其他可如此类推。字母为加入的试剂，B=Buffer。

	1	2	3	4	5	6
A	200S1+50AG	200S1+50AG	200S1+50AG	200S1+50AG	200S1+50AG	200S1+50B
B	200S1+50BG	200S1+50BG	200S1+50BG	200S1+50BG	200S1+50BG	200S1+50B
C	200S1+50CB	200S1+50CB	200S1+50CB	200S1+50CB	200S1+50CB	200S1+50B
D	200S1+50XS	200S1+50XS	200S1+50XS	200S1+50XS	200S1+50XS	200S1+50B
E	200S1+50NAG	200S1+50NAG	200S1+50NAG	200S1+50NAG	200S1+50NAG	200S1+50B
F	200S1+50AP	200S1+50AP	200S1+50AP	200S1+50AP	200S1+50AP	200S1+50B
G	200S1+50LAP	200S1+50LAP	200S1+50LAP	200S1+50LAP	200S1+50LAP	200S1+50B
H	空	空	空	空	空	空

标准曲线：（标准曲线的每个点要做 3~8 个重复，要用单独一个微孔板做标准曲线。）

	A1、A2、A3	A4、A5、A6	A7、A8、A9	A10、A11、A12	B1、B2、B3	B4、B5、B6	B7、B8、B9
A B	200B+50MUB 0	200B+50MUB0.5	200B+50MUB2.5	200B+50MUB 5	200B+50MUB 10	200B+50MUB25	200B+50MUB50
C D	200B+50MUC0	200B+50MUC0.5	200B+50MUC2.5	200B+50MUC 5	200B+50MUC 10	200B+50MUC25	200B+50MUC50

注：根据预实验的结果，配置合适标准曲线的浓度。（标准曲线浓度高会影响实验结果）

（1）培养时间依据培养温度而定：（水解酶培养时间）

温度	时间
4 ℃	TBD（23 小时或更少）
15 ℃	6 小时
25℃	3 小时（通常使用这个培养时间）
35℃	1.5 小时

培养后加入 5μL1mol/L NaOH 终止反应，在酶标仪上进行读数（Fluorescence，excitation 波长 365，emission 波长 450）把 AG，BG，CB，XS，NAG，AP 的 Fluorescence 读数根据 MUB 标准曲线换算成 MUB 的浓度；把 LAP 的 Fluorescence 读数根据 MUC 标准曲线换算成 MUC 的浓度；通过土壤干重，反应时间等计算以上水解酶的活性。

注：各试剂名称

PPO	polyphenol oxidase 多酚氧化酶
AG	a–glucosidase a– 葡糖苷酶
BG	b–glucosidase
CB	cellubiosidase
XS	Xylosidase 木糖苷酶 / 木糖酶
NAG	N–acetyl–b–glucoasminidase N– 乙酰 –b– 葡糖苷酶
AP	acid phosphatase 酸性磷酸酶
LAP	Leucine aminopeptidase 亮氨酸氨基肽酶

2.35.7 酶活计算方法

1. 水解酶

（1）计算荧光度

样品荧光读数 y=（样品 + 底物荧光读数）–（样品 +B 荧光读数）。

方法是计算六个重复读数的平均值，注意要把异常值去掉。每个土样对应有 7 个酶（AG，BG，CB，XS，NAG，AP，LAP）的荧光度。

（2）计算标准曲线

作散点图，x 轴是 0、0.5、2.5、5、10、25、50、100，y 轴是对应的荧

光读数。对应每个土样都可以得到拟合曲线 $y=ax+b$，MUB 和 MUC 分别对应各自的 a 和 b 值。

（3）计算浓度 1

用（1）中计算得到的荧光度（y）代入（2）中得到的拟合曲线，得到对应的浓度（x）。注意：AG，BG,CB,XS,NAG,AP 使用 MUB 的曲线，LAP 使用 MUC 的曲线。

（4）计算浓度 2

用（3）的结果 ×0.091 L（浸提液体积）。

（5）计算酶活性

用（4）的结果除以土样干重和反应时间，乘以 1000，最后的单位是 n mol（activity）/ g（dry soil）/ h

注意：所有最后酶活性算出来如果是负值，说明酶活性为 0。

2. 酚氧化酶

（1）计算吸光度

方法是计算每六个重复读数的平均值，注意要把异常值去掉。把加 DOPA 的读数 – 不加 DOPA 的读数，共得空白 &S_1 ～ S_7，8 个吸光度。

（2）计算吸光度 1

用 S_1 ～ S_7 的吸光度 – 空白的吸光度，得到 S_1 ～ S_7 的吸光度 1。

（3）计算浓度 1

用（2）的结果 /0.407（L–DOPA 溶液的消光系数），得浓度 1。

（4）计算浓度 2

用（3）的结果 *0.091 L（浸提液体积）的浓度 2。

（5）用（4）的结果除以土样干重和反应时间，乘以 1000，最后的单位是 μ mol（activity）/ g（ dry soil）/ h。

注意：所有最后酶活性算出来如果是负值，说明酶活性为 0。

2.35.8 酶活药品的购买

给 orderCN@sial.com 发个邮件，注册一下，填杂项中的表格。然后你上他们的网站 (Sigma–Aldrich) 查找相关的货品。每个样品都有对应的规格，就是一瓶多少毫克，你根据自己的需求选择就可以了。然后他们就会给你发货和发票，你再给他们汇款就行了。

对应的货号是：

AG M9766

BG M3633

CB M6018

XS M7008

NAG M2133

AP A8625

LAP L2145

MUB M1381

MUC A9891

L–DOPA D9628

2.35.9 仪器图片

实验用到的仪器如图 2–46 ～图 2–47 所示。

图 2–46 八位磁力搅拌器

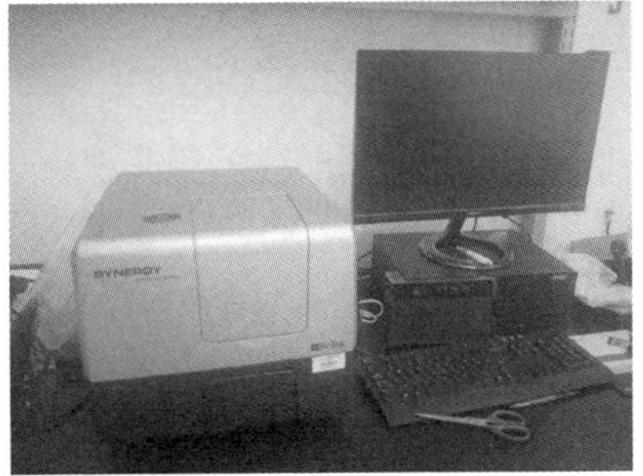

图 2–47 酶标仪

2.36 土壤轻重组有机质测定

2.36.1 方法依据

《土壤采样与分析方法》[加] M.R.Carter（M.R. 卡特），E.G.Gregorich(E. G. 格雷戈里奇）。

2.36.2 方法要点

将土壤悬浮于重液中，使较重的组份在底部沉淀而轻组份聚集上部，从而可以从多种矿质土壤中将轻重组有机质分离出来。

2.36.3 仪器、设备

离心机；烘箱；天平；比重计；培养皿；100 mL 离心管；锥形瓶；60 mL 布氏漏斗；孔径 0.7 μm；直径 7 cm 玻璃纤维滤纸。

2.36.4 试剂

（1）比重为（1.6 ～ 1.85）的 NaI 溶液：将约 800 g 无水碘化钠（NaI）固体溶于 1 L 超纯水中，用比重计测定，加 NaI 和超纯水调节至密度为（1.6～1.85）根据自己需求调节NaI的密度。（方法上使用NaI的密度为1.7）

（2）0.01 mol/L 氯化钙溶液：称取 1.47 g 氯化钙（$CaCl_2 \cdot 2H_2O$）溶于水中，最后用水定容至 1 L。

2.36.5 操作步骤

（1）风干土壤样品过 2 mm 筛，用镊子去除可见根系，备用。

（2）另取 5 g 土壤样品放入 105 ℃烘箱烘干，测定土壤的含水量。

（3）提前分别称取 0.7 μm 玻璃纤维滤膜质量，并做好标记。

（4）称取（1）处理好土壤 10 g 置于 100 mL 离心管中，加入比重 1.7 的 NaI 溶液 40 mL。拧紧盖子，横放于往返式振荡机中振荡 20 min，静止 1 h，以 3000 r/min 离心 10 min 后，将离心管中的上清液用 0.7 μm 玻璃纤维滤膜过滤，滤出液回收入锥形瓶中。再向离心管中加入比重 1.7 的 NaI 溶液 40 mL。拧紧盖子，横放于往返式振荡机中振荡 20 min，静止 1 h，以 3000 r/min 离心 10 min 后，将离心管中的上清液用 0.7 μm 玻璃纤维滤膜过滤，滤出液回收入锥形瓶中。（重复上述流程一次，一共用 NaI 溶液处理土壤 3 次。）

（5）轻组处理：玻璃纤维滤膜上存留干物质为（LF）轻组，先用 50 mL 0.01 mol/L 氯化钙溶液冲洗，再用去离子水反复冲洗后，置于 60 ℃烘箱中烘干 48 h，分别称重，研磨后，用元素分析测定轻组碳、氮含量。

（6）重组处理：离心管中存留物质为（HF）重组，向离心管中加入 50 mL 去离子水，将水土混匀，以 3000 r/min 离心 10 min，弃上清液（重复 3 次，如果离心管溶液不澄清可加大转速），置于 60 ℃烘箱中烘干 48 h，分别称重，研磨后，用元素分析测定重组碳、氮含量。

2.36.6 仪器图片

实验用到的仪器如图 2-48 ～图 2-51 所示。

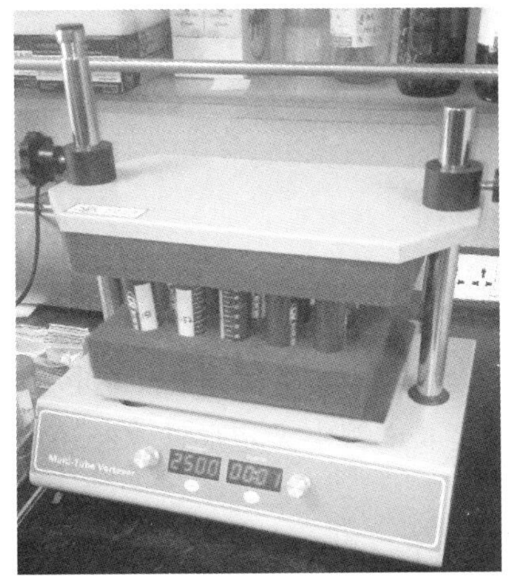

图 2-48 多管混匀仪

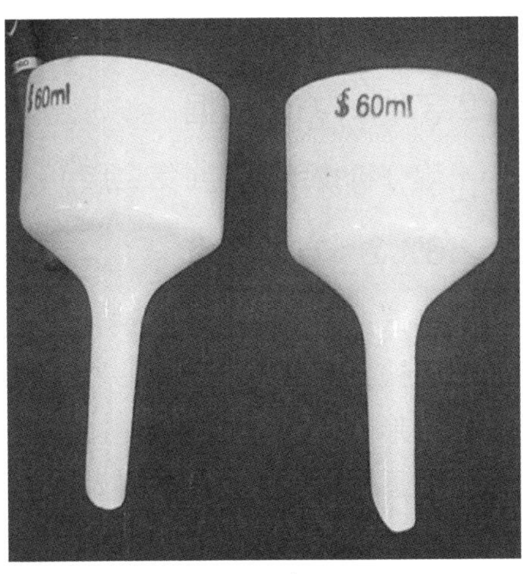

图 2-49 布氏漏斗 60 mL

图 2-50 玻璃纤维滤纸

图 2-51 离心机

2.37 土壤交换态钙、结合态钙及其结合碳、游离铁及其结合碳、无定型态铁、络合态铁的测定

2.37.1 方法依据

土壤分析技术规范（第二版）（参考方法）。

2.37.2 方法要点

游离铁：用连二亚硫酸钠－柠檬酸钠－碳酸氢钠溶液把土壤（或黏粒）中的游离铁分离后，经还原，然后用电感耦合等离子体发射光谱仪测定铁。

无定形铁：用草酸－草酸铵溶液振荡提取土壤中无定形铁，经还原，然后用电感耦合等离子体发射光谱仪测定。

络合态铁：用碱性焦磷酸钠在 pH8.5 条件下，提取土壤中的络合态铁，然后用电感耦合等离子体发射光谱仪测定。

2.37.3 仪器设备

（1）振荡机；

（2）电感耦合等离子体发射光谱仪；

（3）离心机、TOC 分析仪等。

2.37.4 试剂

实验所需溶液的量需根据自身情况决定。

（1）0.5 mol/L 硫酸钠溶液：称取 355 g 硫酸钠，溶于水，定容至 5 L，共需：45 mL × 50 个样品 =2250 mL。

（2）连二亚硫酸钠固体：共需 0.25 g × 50 个样品 =12.5 g。

（3）(对照)氯化钠固体：共需 0.22 g × 50 个样品 =11 g。

（4）0.3 mol/L 柠檬酸钠溶液：称取柠檬酸钠（$Na_3C_6H_5O_7 \cdot 2H_2O$）88.23 g，溶于水，定容至 1 L。共需：13.35 mL × 50 个样品 =667.5 mL（现用现配，易光解）。

（5）（对照）1.8 mol/L 氯化钠溶液：称取氯化钠 105.12 g，溶于水，定

容至 1 L。共需：13.35 mL × 50 个样品 =667.5 mL。

（6）1 mol/L 碳酸氢钠溶液：称取碳酸氢钠 21 g，溶于水，定容至 250 mL（难溶，需超声）。共需：1.65 mL × 100 个样品 =165 mL。

（7）1 mol/L 氯化钠溶液：称取氯化钠 292 g，溶于水，定容至 5 L。共需：45 mL × 100 个样品 =4500 mL。

（8）饱和氯化钠溶液：在 20 ℃时，1 L 水重大约溶解 360 g 氯化钠。共需：3 mL × 100 个样品 =300 mL。

（9）70% 乙醇溶液：量取 737 mL95% 乙醇，用水稀释至 1 L。

（10）0.1 mol/L 氯化铵 – 70% 乙醇交换液：称取 5.35 g 氯化铵溶于 980 mL70% 乙醇溶液中，以 1 ∶ 1 氨水溶液调 pH 至 7.0，再用 70% 乙醇溶液稀释至 1 L。

2.37.5 操作步骤

1. 交换态钙

将烘干的土壤重组分研磨，称取 2.5 g 放入 50 mL 离心管，加水 1 mL 浸湿并放置过夜。次日用 25 mL 70% 乙醇涡旋离心洗盐，弃上清液，共重复 3 次。向离心管中的脱盐土样中加入 25 mL0.1 mol/L 氯化铵 – 70% 乙醇交换液，涡旋 2 min（充分搅拌），放置 5 min，离心，上清液收集于 100 mL 容量瓶中，如此用交换液再处理 2 次，最后用交换液定容。分装于 15 mL 离心管中，用于测定交换态钙含量。（用水稀释 20 倍，用 ICP 测定）

2. 结合态钙及其结合的碳

将烘干的土壤重组分研磨，称 1.2 g 于 50 mL 离心管，加入 18 mL 0.5 mol/L 的 Na_2SO_4 溶液，摇床振荡 1 h，离心分离 4000 r/min，10 min，上清液导入 100 mL 容量瓶；重复上述步骤 2 次，直到 Na_2SO_4 提取液中无钙。最后用蒸馏水洗两遍，涡旋仪 1 min，洗液与之前的上清液合并，并定容至 100 mL。分两份分别装于 15 mL 离心管中，一份用于测定钙结合碳含量（用水稀释 6 倍，TOC 分析仪），一份用于测定结合态钙含量（用水稀释 9 倍）。土壤残渣风干后用于测游离态铁。

3. 游离态铁及其结合的碳

将土壤残渣研磨，称取一式两份，各 0.25 g 于 50 mL 离心管中，加

0.3 mol/L 的柠檬酸钠溶液（对照：1.8 mol/L 氯化钠溶液）13.35 mL，1 mol/L 的碳酸氢钠溶液 1.65 mL，放入预先预热至 90 ～ 95 ℃的水浴锅中，待离心管内溶液温度上升至 80 ℃时（保持 15 min），加入固体连二亚硫酸钠 0.25 g（对照：氯化钠固体 0.22 g），放入 80 ℃水浴震荡器上，震荡 15 min。取出，冷却后，离心分离（4000 r/min,10 min），上清液导入 100 mL 容量瓶中，重复上述提取过程 1 次。向离心管的土壤加入 1 mol/L 氯化钠溶液 15 mL，涡旋 1 min，离心，收集上清液，重复 2 次。用 HCI 酸化（6 mol/L）到 pH 小于 2（约 5.5 mL），定容 100 mL。上机前，过 0.45 μm 膜后，滤液用水稀释 9 倍后上机测定铁浓度。（对照溶液不用测铁，弃去。）土壤残渣风干后用于测定结合的碳含量。（结合的碳 = 对照的碳 – 处理的碳）

4. 无定型态铁、铝，络合态铁、铝的测定

（1）试剂

①草酸 – 草酸铵溶液：称草酸 ($H_2C_2O_4 \cdot 2H_2O$) 25.2 g 和草酸铵 [$(NH_4)_2C_2O_4 \cdot H_2O$] 49.74 g，定容至 2 L，定容前用稀草酸和氨水调节至 pH3.2。

②硫酸钠溶液（40 g/L）：称取硫酸钠 ($Na_2SO_4 \cdot 10H_2O$) 80 g，定容至 2 L。

③焦磷酸钠溶液（0.1 mol/L）：称取焦磷酸钠 ($Na_4P_2O_7 \cdot 10H_2O$) 89.2 g，溶于配好的硫酸钠溶液中，定容至 2 L，用 10%NaOH 和 1 ∶ 4 磷酸调节 pH 至 8.5（现配）。

（2）操作步骤

无定型态铁、铝操作的步骤如下：

称取通过 0.25 mm 筛孔风干土样 0.5 g 置于 50 mL 离心管中，按土液比 1 ∶ 50 加入 25 mL 草酸 – 草酸铵溶液，拧紧盖子，横放于振荡机中于 25 ℃ ±1 ℃避光振荡 4 h，立即用定量滤纸过滤（注意从溶液加入到过滤，整个过程应连续进行，不要间歇）或立即以 4000 r/min 离心 5 min 后用 0.45 μm 滤膜过滤至 10 mL 离心管中，稀释 3 倍后，用电感耦合等离子体发射光谱（ICP–OES）测定（注：测定时一定要加 5 ppm 内标）。

络合态铁、铝的操作步骤如下：

称取通过 0.25 mm 筛孔风干土样 0.3 g 置于 50 mL 离心管中，按土液比 1 ∶ 100 加入 30 mL 焦磷酸钠溶液，拧紧盖子，横放于振荡机中于

25 ℃ ±1 ℃振荡 2 h，立即用定量滤纸过滤（注意从溶液加入到过滤，整个过程应连续进行，不要间歇）或立即以 4000 r/min 离心 5 min 后用 0.45 μm 滤膜过滤至 10 mL 离心管中，稀释 5 倍后，用电感耦合等离子体发射光谱（ICP-OES）测定（注：测定时一定要加 5 ppm 内标）。

2.37.6 标准曲线

标准贮存液:（市上有售，购买国家标准有证单元素标准溶液）

Al、Ca、Fe 的 100 mg/L 标准贮存液，购买国家标准有证单元素标准溶液标准溶。

标准曲线的配比方法如表 2-17 所示。

表 2-17　标准曲线中各元素配比

编号	元素	标准溶液 /（μg/mL）	标准系列溶液 1		标准系列溶液 2		标准系列溶液 3		项目
			ppm	mL	ppm	mL	ppm	mL	
1	钙（Ca）	100	0.2	0.2	0.5	0.5	1	1	水溶性结合态无定态
2	铁 (Fe)	100	1	1	2	2	5	5	
3	铝（AI）	100	1	1	2	2	4	4	
4	铁 (Fe)	100	0.5	0.5	1	1	2	2	络合态
5	铝（AI）	100	0.5	0.5	1	1	2	2	

2.37.7 结果计算

（1）用 *ICP* 按此公式计算：

$$ICP(\mathrm{mg/kg})=\frac{C\times V\times t_s}{m}$$

式中：

ICP——各元素的质量分数，mg/kg；

C——测定液中元素的质量浓度，μg/mL；

V——测定液体积，mL；

t_s——分取倍数；

m——烘干土样质量，g。

（2）用 T_{OC} 按此公式计算：

$$T_{OC}(\mathrm{mg/kg})=\frac{C\times V\times t_s}{m}$$

式中：

T_{OC}——各元素的质量分数，mg/kg；

C——测定液中元素的质量浓度，μg/mL；

V——测定液体积，mL；

t_s——分取倍数；

m——烘干土样质量，g。

2.37.8　注意事项

（1）ICP 主要用来测酸性的浸提液，测无定型态铁和络合态铁时机器不太稳定。上机需要加内标，钇 5 ppm。（待测液要尽快上 ICP 分析）

（2）待测液要尽快上 ICP 分析，最好不超过 24 h。

（3）无定型态铁、络合态铁实际浸提时用的原土，未过 250 μm 筛。

（4）用 ICP 测定样品时，待测液中乙醇浓度要小于 5%、盐度要小于 1%，酸度要小于 10%（最好小于 5%）。

2.37.9　仪器图片

实验用到的仪器如图 2-52 ～图 2-55 所示。

图 2-52　多管混匀仪

图 2-53　电感耦合等离子体发射光谱仪

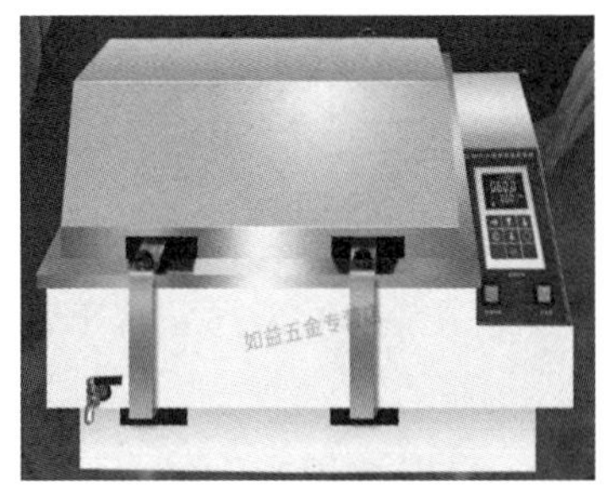

图 2-54 水浴振荡器

图 2-55 离心机

2.37.10 引用文献

Fang K, Qin S, Chen L, Zhang Q and Yang Y 2019 Al/Fe mineral controls on soil organic carbon stock across Tibetan alpine grasslands J. Geophys. Res. Biogeosci. 124 247–59.

2.38 土壤有效硅的测定

2.38.1 方法依据

NY/T 1121.15—2006 土壤有效硅的测定

2.38.2 方法要点

用柠檬酸作浸提剂，浸出的硅在一定酸度条件下与钼试剂生成硅钼酸，用草酸掩蔽磷的干扰后，硅钼酸可被抗坏血酸还原成硅钼蓝，在一定浓度范围内蓝色深浅与硅浓度成正比，从而可用比色法测定。

2.38.3 应用范围

本方法适用于各种类型水稻土中二氧化硅含量的测定，对于酸性、中性及微碱性具有较为一致的浸提能力。

2.38.4 仪器设备

（1）恒温培养箱；

（2）紫外分光光度计；

（3）塑料广口瓶（250 mL）。

2.38.5 试剂

（1）0.025 mol/L 柠檬酸溶液：称取柠檬酸 ($C_6H_8O_7$)5.25 g 溶于水中，定容至 1 L。

（2）0.6 mol/L 硫酸溶液 [$c(1/2\ H_2SO_4)$]：量取浓硫酸 16.6 mL 缓缓倒入约 800 mL 水中，冷却后定容至 1 L。

（3）6 mol/L 硫酸溶液 [$c(1/2\ H_2SO_4)$]：量取浓硫酸 166 mL 缓缓倒入约 800 mL 水中，冷却后定容至 1 L。

（4）50 g/L 钼酸铵溶液：称取钼酸铵 [$(NH_4)_6Mo_7O_{24}\cdot 4H_2O$] 50.00 g 溶于水中，定容至 1 L。

（5）50 g/L 草酸溶液：称取草酸（$H_2C_2O_4\cdot 2H_2O$) 50.00 g 溶于水中，定容至 1 L。

（6）15 g/L 抗坏血酸溶液：称取抗坏血酸 1.5 g，用 6 mol/L 的硫酸溶液溶解并稀释至 100 mL。此溶液现用现配。

（7）1000 μg/mL 硅的标准溶液：（网上购买）。

硅的 1000 μg/mL 标准贮存液，购买国家标准有证单元素溶液。

（8）25 μg/mL 的硅标准溶液：准确吸取硅标准溶液（1000 μg/mL）2.5 mL 于 100 mL 容量瓶中，用水稀释至刻度，摇匀，备用。

2.38.6 操作步骤

1. 试液制备

称取通过 2 mm 筛孔的风干土样 10 g（精确到 0.01 g）于 250 mL 塑料广口瓶中，加入 0.025 mol/L 柠檬酸溶液 100 mL，拧好盖子，摇匀，于 30 ℃恒温培养箱中保温 5 h，每隔 1 h 摇动一次，取出后，过滤。同时做空白试验。

2. 标准曲线绘制

分别准确吸取 25 μg/mL 的硅标准溶液 0.00 mL、0.50 mL、1.00 mL、2.00 mL、3.00 mL、4.00 mL、5.00 mL 于 50 mL 容量瓶中，加水稀释至约 20 mL，依次加入 0.6 mol/L 硫酸溶液 5 mL，在 30 ～ 35 ℃下放置 15 min，

加入钼酸铵溶液 5 mL，摇匀后，放置 5 min，加入草酸溶液 5 mL、抗坏血酸溶液 5 mL，用水定容，放置 20 min 后，在紫外分光光度计上 700 nm 波长处用 10 mm 光径比色皿比色。获得 0 μg/mL、0.25 μg/mL、0.5 μg/mL、1 μg/mL、1.5 μg/mL、2 μg/mL、2.5 μg/mL 硅（Si）标准系列显色液。用 0 μg/mL 硅（Si）标准显色液作参比，调吸收值到零，由低到高浓度测定标准系列显色液的吸收值，在紫外分光光度计上就可看绘制的工作曲线。注：先做工作曲线，再测定样品。

3. **样品测定**

吸取（1）滤液 1.00 ～ 5.00 mL 于 50 mL 容量瓶中，加水稀释至约 20 mL，以下操作步骤同绘制步骤曲线（2）。

2.38.7 结果计算

有效硅（Si）的质量分数以（mg/kg）表示，按式计算：

$$\text{有效硅（Si）},\ \mathrm{mg/kg}=\frac{C\times V\times D}{m}$$

式中：

C——从校准曲线上查得显色液中硅的浓度，μg/mL；

V——显色体积（mL），本方法为 50 mL；

D——分取倍数，100/5=20；

m——土样质量，g。

测定结果用重复试验的算术平均值表示，保留两位小数。

2.38.8 精密度

重复试验结果允许相对偏差≤ 10%。

2.38.9 注意事项

（1）浸提温度和时间对浸出的硅量影响较大，仪器浸提温度稳定在 30 ℃，时间控制在 5 h。

（2）生成的硅钼蓝的稳定时间受温度影响很大，必须严格控制显色温度和时间。

2.39　土壤最大吸湿量的测定

2.39.1　方法依据

NY/T 1121.21—2008 土壤最大吸湿量的测定

2.39.2　方法要点

本方法是在硫酸钾饱和条件下，土壤吸湿水达到最大量，这时的吸湿水占土壤干重的百分数称为土壤最大吸湿量。

2.39.3　试剂

饱和硫酸钾溶液：称取 110 ～ 150 g 硫酸钾（K_2SO_4，分析纯）溶于 1 L 水中（应看到溶液中有白色未溶解的硫酸钾晶体为止）。

2.39.4　仪器设备

（1）天平：感量 0.001 g；

（2）玻璃干燥器；

（3）带磨口塞玻璃称量瓶：直径 50 mm，高 30 mm；

（4）电热恒温干燥箱（烘箱）。

2.39.5　操作步骤

（1）称取通过 2 mm 筛孔的风干土样 5 ～ 20 g（黏土和有机质含量多的土壤为 5 ～ 10 g，壤土和有机质较少的土壤为 10 ～ 15 g，砂土和有机质极少的土壤为 15 ～ 20 g 精确至 0.001 g)，放入已恒重的称样瓶中，平铺于瓶底。

（2）在干燥器下层加入饱和硫酸钾溶液至瓷板以下 1 cm 处左右。

（3）将称量瓶置于干燥器的瓷孔帮上，将称量瓶盖打开斜靠在瓶上，称量瓶勿接触干燥器壁。盖好干燥器，放置于湿度稳定处，使其应控制在 20 ℃ ±2 ℃。7 d 后，将称量瓶加盖取出，立即称重（精确到 0.001 g），再放入干燥器中，使其继续吸水，以后每隔 2 ～ 3 d 称量一次，直至前后两次质量差不超过 0.005 g 为止，取最大值进行计算。

（4）将上述吸湿水达到恒重的试样，放入 105 ℃ ±2 ℃的恒温干燥箱中烘至恒重，计算土壤最大吸湿量。

2.39.6 结果计算

土壤最大吸湿量 W 以百分数（%）表示，按式计算：

$$W = \frac{m_1 - m_2}{m_2 - m_0} \times 100$$

式中：

W——土壤最大吸湿量，%；

m_0——称量瓶质量，g；

m_1——相对湿度饱和后试样加称量瓶质量，g；

m_2——烘干后试样加称量瓶质量，g。

两次平行测定结果的算术平均值作为测定结果，保留一位小数。

2.39.7 允许差

两次平行测定结果的相对相差≤ 5%。

2.40 土壤氧化还原电位的测定

2.40.1 方法依据

HJ 746—2015 土壤氧化还原电位的测定 电位法

2.40.2 方法原理

土壤的成土过程，特别是水稻土的形成与氧化还原条件直接有关。在还原条件下有机氮矿化可使铵态氮积累和硝态氮消失，并使土壤磷的有效性提高。测定土壤的氧化还原电位，有助于了解土壤的通气、还原程度。测定氧化还原电位的常用方法是铂电极直接测定法，方法是基于铂电极本身以腐蚀、溶解，可作为一种电子传导体。当铂电极与介质（土壤、水）接触时土壤或水中的可溶性氧化剂或还原剂，将从铂电极上接受电子或给于电子，直至在铂电极上建立起一个平衡电位，即该体系的氧化还原电位。由于单个电极电位是无法测得的，故须与另一个电极电位固定的参比电极（饱和甘汞电极）构成电池，用电位计电池电动势，然后计算出铂电极上建立的平衡电位，即氧化还原电位 Eh。

2.40.3 试剂

（1）酸性重铬酸钾洗液：称取 50 g 重铬酸钾，加入 100 mL 水，加热溶解，冷却后在搅拌下慢慢加入 900 mL 浓硫酸。

（2）脱膜溶液：量取 8.5 mL 浓盐酸置于 400 mL 水中，再加入 2.92 g 氯化钠，溶解后加水稀释至 500 mL。

（3）氧化还原标准缓冲液：在 30 mLpH4.01 缓冲溶液中，加入少量氢醌固体粉末，使溶液中有不溶的固体存在。

（4）缓冲溶液（pH4.01）：称取 10.21 g 在 105 ℃烘过的苯二甲酸氢钾（$KHC_8H_4O_4$），精确至 0.01 g，用水溶解后，加水稀释至 1 L。

（5）饱和氯化钾溶液：称取 35 g 氯化钾，溶于 100 mL。

（6）亚硫酸钠。

2.40.4 仪器设备

（1）酸度计（雷磁）或电位计（毫伏计）。

（2）电极架，可将电极固定在架子上，并可上下移动。

（3）铂电极，将直径为 0.5 ～ 1 mm、长为 10 ～ 13 mm 的铂丝，封接在一根内径为 3 ～ 4 mm、长为 10 ～ 15 cm、热膨胀系数接近于铂的玻璃管的一端，并露出 5 ～ 10 mm。铂电极用前要检查铂丝于玻璃封接处有无裂缝，并用脱膜溶液作表面处理。（铂电极有卖成品的，可以直接购买成品使用。）

（4）饱和甘汞电极。

（5）温度计。

注意：铂电极表面处理方法：将铂电极浸入 25 mL 脱膜溶液中，加热至微沸，加入少量亚硫酸钠（100 mL 溶液中加 0.2 g 左右）继续保温并维持溶液体积不变约 30 min，冷却后，电极用水洗净。如在室温下进行，则需浸泡半天以上，中间还要加同量的亚硫酸钠 2 ～ 3 次。脏的或用久的铂电极在脱膜处理前，最好先用酸性重铬酸钾洗液浸泡 30 min。表面处理完毕后，铂电极还需要在氧化还原标准缓冲液中检验电极电位是否准确，可将铂电极和甘汞电极插入欢迎欢迎标准缓冲溶液中，测定其组成的电池的电动势，由下式计算出温度（t）时的 pH 值：$pH = \frac{455-0.09(t-25)-E}{59.1+0.2(t-25)}$。实测电动势 E（mV）后计算的 pH 值与该温度下缓冲溶液的 pH（表 2–18）之差应小于 0.04 pH。如差值过大，铂电极须用脱膜溶液再处理一次，并重新检验。

表 2–18　苯二甲酸氢钾缓冲溶液在不同温度时的 pH

温度 /℃	pH	温度 /℃	pH
0	4.003	30	4.015
5	3.999	35	4.024
10	3.998	38	4.030
15	3.999	40	4.035
20	4.002	45	4.047
25	4.008	50	4.060

注：饱和甘汞电极在多次测定后，除将饱和甘汞电极前端擦干净外，最好再在氯化钾饱和溶液中浸泡一下，以恢复盐桥液接状态。如用于测定某些污染土壤（如含大量硫化物），应改用双液接盐桥，在外套管内灌注氯化钾饱和溶液。

2.40.5　分析步骤

（1）测定前，先将电位计（毫伏计）或 pH 计选择开关拨向“mV”档，将铂电极接在正极位上，饱和甘汞电极接在负极位上，接通电源开关，调节调零钮至零位，关闭电源开关。

（2）将两电极插入土壤中，两个电极之间距离在 0.1 ～ 1 m，深度在 3 ～ 4 cm，开启电源开关，平衡 2 min 或 10 min 后，记录正或负的电位值（mV），关闭电源开关。

（3）为了换算和 pH 校正的需要，还需同时测定温度和 pH（pH 的测定见本书土壤 pH 的测定 – 电位法）。

注：

（1）在野外测定时，可将两电极直接插入土中，两者距离尽量靠近，为抓紧时间，一般平衡 2 min 后读数，但测定误差较大。在室内测定时，应将平衡时间延长至 10 min，使之充分平衡，5 min 的电位值变动不超过 2 mV。

（2）测点的重复次数要根据所要代表的范围和土壤均匀的程度而定，一般重复测定 5 次。在进行重复测定时，取出的铂电极要用水洗净，再用滤纸吸干，然后再作测定。在饱和甘汞电极移位时，其前端盐桥（指与土壤接触的前端砂芯）处应洗干净，并在氯化钾饱和溶液中稍加浸泡。

2.40.6　结果计算

（1）当 mV 值为正值时按式（1）计算氧化还原电位，当 mV 值为负值时按式（2）计算氧化还原电位：

$$E_h=E_e+E_d \tag{1}$$

$$E_h=E_e-E_d \tag{2}$$

式中：

E_h——土壤的氧化还原电位，mV；

E_d——测得的电位值，mV；

E_e——不同温度时饱和甘汞电极的标准电位值（由表 2-19 查得），mV。

表 2-19　饱和甘汞电极在不同温度时的标准电位值

温度 /℃	电位 /mV	温度 /℃	电位 /mV
0	260	24	244
5	257	26	243
10	254	28	242
12	252	30	240
14	251	35	237
16	250	40	234
18	248	45	231
20	247	50	227
22	246	—	—

（2）由于在很多氧化还原反应中，有 H^+ 参与，因此一定的氧化还原体系的 E_h 值与 pH 之间，具有特定的相应变化关系。当在不同 pH 时测得的土壤 E_h 值，要换算成同一 pH 时的 E_h 值作为比较时，必须根据因 pH 改变而引起 E_h 值相应的变化进行较正，通常用 $\Delta E_h/\Delta pH$ 作为校正因素。虽然此校正因素的实际数值，因体系种类和体系间相互作用的不同而有较大变化，但在一般的土壤肥力和水分条件下，土壤又不处于强烈的还原状况时，习惯以 pH 每升高一个单位，E_h 值则降低 60 mV(30 ℃) 作为校正因素，即 $\Delta E_h/\Delta pH$=-60 mV，反之亦然。例如土壤 pH=5 时，测得 E_d=300 mV，换算成 pH=7 时，土壤的 E_h300 mV-（7-5）× 60 mV=180 mV。如不校正，必须注明测定时土壤的 pH。

（3）允许差：试样进行多份平行测定，取其算术平均值，取整数。多份平行测定结果允许差为 1 mV。

2.40.7　注意事项

（1）使用同一支铂电极连续测试不同类型的土壤后，仪器读数常出现滞后现象，此时应在测定每个样品测定后对电极进行清洗净化。必要时，将电极放置于饱和 KCl 溶液中浸泡，待参比电极恢复原状方可使用。

（2）如果土壤水分含量低于 5%，应尽量缩短铂电极与参比电极间距离，以减小电路中的电阻。

（3）铂电极在一年内使用且每次使用前都要检查铂电极是否损坏或污染。如果铂电极被污染，可用棉布轻擦，然后用蒸馏水冲洗。

2.40.8　仪器图片

实验用到的仪器如图 2-56 ～图 2-59 所示。

图 2-56　pH 计

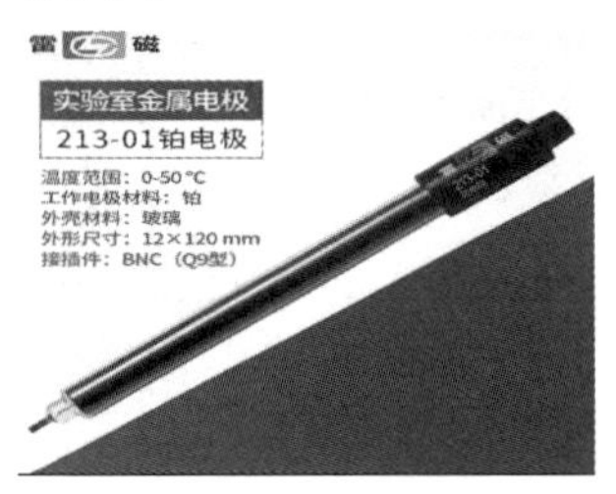

图 2-57　铂电极

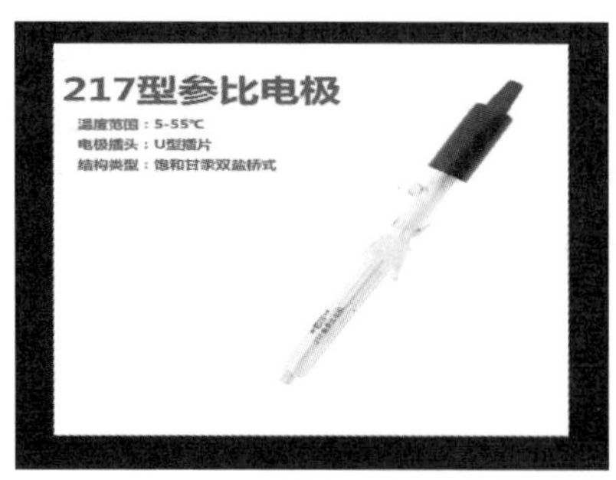

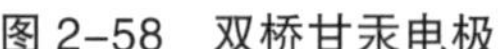
图 2-58　双桥甘汞电极

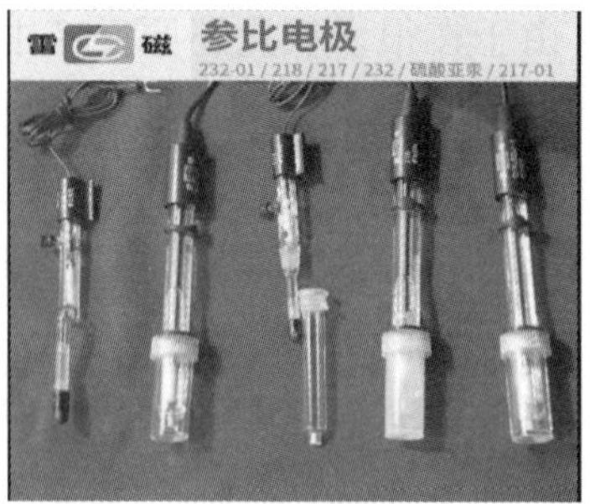

图 2-59　单桥甘汞电极

2.41　土壤缓效钾的测定

2.41.1　方法依据

LY/T 1234—2015 土壤缓效钾的测定

2.41.2　方法要点

以 1 mol/L 硝酸溶液煮沸浸提，浸提液直接以火焰光度计、原子发射光度发或电感耦合等离子体发射光谱仪测定钾量，再减去速效钾量即得缓效钾量。

2.41.3　试剂

（1）1 mol/L 硝酸溶液：量取 62.5 mL 浓硝酸（优级纯）加入 500 mL 水中，冷却后，用水定容至 1 L。

（2）0.1 mol/L 硝酸溶液：量取 100.0 mL 1 mol/L 硝酸溶液于 1 L 容量瓶中，用水定容至 1 L。

（3）100 μg/mL 钾标准溶液：称取 105 ℃烘干 2 h 的氯化钾（KCl，优级纯）0.1907 g 溶于水中，用水定容至 1 L。

2.41.4　仪器

（1）天平（感量 0.01 g、0.0001 g）；

（2）油浴锅；

（3）火焰光度计、原子吸收分光光度计或电感耦合等离子体发射光谱仪。

2.41.5 测定步骤

1. 待测液的制备

称取过 2 mm 筛孔的风干土样 2.50 g 于玻璃消煮管中，加 25.0 mL 1 mol/L 硝酸溶液，在瓶口插入弯颈小漏斗，放入温度为 130 ～ 140 ℃的油浴锅中，于 120 ～ 130 ℃煮沸 10 min（从开始沸腾起计时，煮沸时间要严格掌控。碳酸盐土壤消煮时会有大量二氧化碳气泡发生，不要误认为沸腾），取下，稍冷，趁热过滤于 100 mL 容量瓶中，用 0.1 mol/L 硝酸溶液洗涤消煮管 4 次，每次 15 mL，冷却后，用水定容。（控制油浴锅温度，可以参考土壤有机碳的测定方法里控制油浴锅方法。）

2. 空白液的制备

空白液的制备除不加土样外，其他步骤同 5.1。

3. 标准曲线绘制

分别吸取 100 μg/mL 钾标准溶液 0.00 mL、1.00 mL、2.50 mL、5.00 mL、10.00 mL、15.00 mL、25.00 mL 于 50 mL 容量瓶中，加入 1 mol/L 硝酸溶液 15.5 mL，然后用水定容，即得 0.00 μg/mL、2.00 μg/mL、5.00 μg/mL、10.00 μg/mL、20.00 μg/mL、30.00 μg/mL、50.00 μg/mL 钾标准系列溶液。用 0.00 μg/mL 的钾溶液调节仪器零点，然后由低到高依序测定钾标准系列溶液。

2.41.6 结果计算

缓效钾含量的计算：

$$W_{\mathrm{K2}} = \frac{(C - C_0) \times V}{m} - W_{\mathrm{K1}}$$

式中：

W_{K2}——土壤缓效钾（K）含量，mg/kg；

C——从标准曲线上获得的样品待测液的钾浓度，μg/mL；

C_0——从标准曲线上获得的空白待测液的钾浓度，μg/mL；

V——待测液体积，取 100 mL；

m——烘干土样质量，g；

W_{K1}——土壤速效钾（K）含量，mg/kg。

2.41.7 允许偏差

平行测定结果允许相对偏差小于 8%。

2.41.8 仪器图片

实验用到的仪器如图 2-60 ～图 2-61 所示。

图 2-60 油浴锅

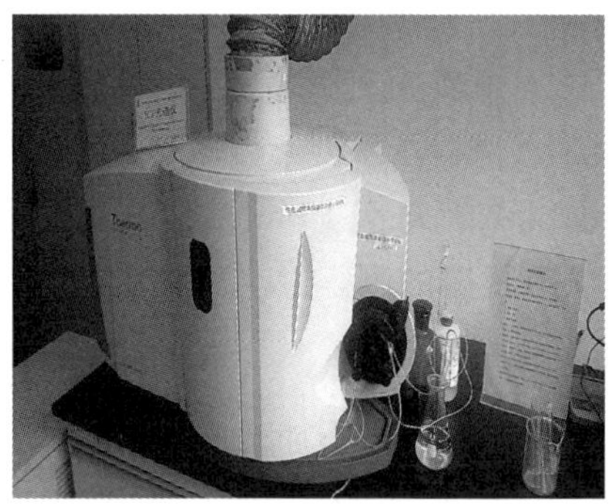

图 2-61 电感耦合等离子体发射光谱仪

2.42 土壤有机碳分类的测定

2.42.1 方法依据

（1）杭子清，王国祥，刘金娥，等．互花米草盐沼土壤有机碳库组分及结构特征 [J]. 生态学报，2014, 34(15):4175-4182.

（2）商素云，李永夫，姜培坤，等．天然灌木林改造成板栗林对土壤碳库和氮库的影响 [J]. 应用生态学报，2012, 23(3):659-665.

2.42.2 方法要点

土壤样品经 10% 氢氟酸溶液处理以充分反应去除磁性矿物，富集有机碳，用 ^{13}C 固态核磁共振进行测定。某些原子核在特定的外磁场下，仅吸收一固定频率射频长提供的相关能量，进而产生核磁共振信号。不同官能团内的原子受到不同原子间的吸引，发生振动偏移，因此可通过检测振动偏移从而获得官能团的相关信息。根据以往土壤有机碳 ^{13}CNMR 的研究结果，各类含碳基因所对应的 ^{13}C 信号的化学位移如下：烷基碳（0 ～ 50 ppm）、烷氧碳（50 ～ 110 ppm）、芳香碳（110 ～ 160 ppm）和羰基碳（160 ～ 220 ppm），对核磁共振谱峰曲线进行区分，可以获得土壤中各种含碳组分的百分比。

2.42.3 试剂

10% 氢氟酸溶液：量取 500 mL40% 氢氟酸于 1500 mL 水中混合。（应在通风橱中操作）

2.42.4 仪器

（1）天平（感量 0.01 g）；
（2）离心机；
（3）旋涡混匀仪；
（4）50 mL 离心管（最好选用 PP 材质的）；
（5）真空冷冻干燥机；
（6）核磁共振波谱仪；
（7）离心管振荡器（见仪器图片）。

2.42.5 测定步骤

称取冻干（或风干）通过（100 目筛孔）土样 3 g 于 50 mL 塑料离心管中，加入 30 mL 10% 氢氟酸溶液，边加边轻轻摇晃后(除去碳酸钙），盖上盖，旋涡混匀（或手摇混匀），放在离心管振荡器上振荡 6 h（180 r/min），振荡结束后，放在离心机上离心 5 ～ 10 min(4000 r/min），弃去上清液（废液一定要倒在指定的废液桶中），重复上述过程 5 次。注：第 2、4、6 次振荡后放置过夜，再离心处理。

加入 30 mL 蒸馏水，旋涡混匀（或手摇混匀），放在离心管振荡器上振荡 10 min(180 r/min），振荡结束后，放在离心机上离心 5 ～ 10 min(4000 r/min），弃去上清液（废液一定要倒在指定的废液桶中），重复上述过程 3 ～ 4 次，直至上清液接近中性。

把带有土样离心管放入真空冷冻干燥机中，冻干。或在 50 ℃的烘箱中烘干。把冻干（或烘干）土样放在研钵中磨细，使土样全部通过 100 目筛孔，收集在 2 号自封袋中备用。

取 100 mg 左右土样于进样杯中，放入核磁共振波谱仪内，用核磁共振波谱仪对土样进行测定。

2.42.6 结果计算

结果一般不用结算，核磁共振波谱仪软件会给出谱图。

2.42.7 注意事项

（1）氢氟酸为强腐蚀性液体，具有强烈刺激性气味，一定要在通风橱中操作，且带好手套、口罩，做好防护。

（2）碳酸钙含量高的土样，在加氢氟酸时要特别注意，边加边摇晃。

2.42.8 仪器图片

实验用到的仪器如图 2-62 ～图 2-63 所示。

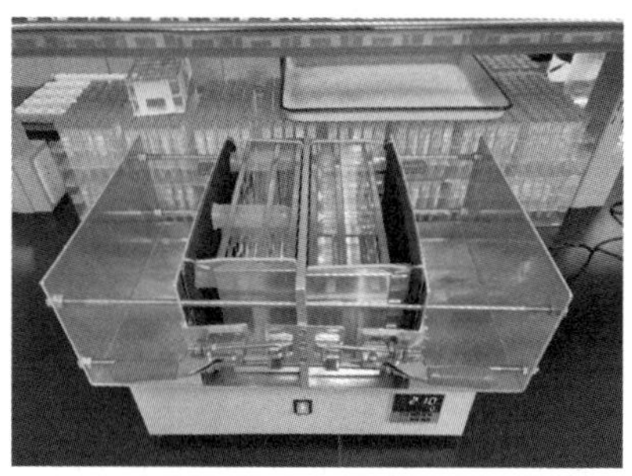

图 2-62 离心管震荡器

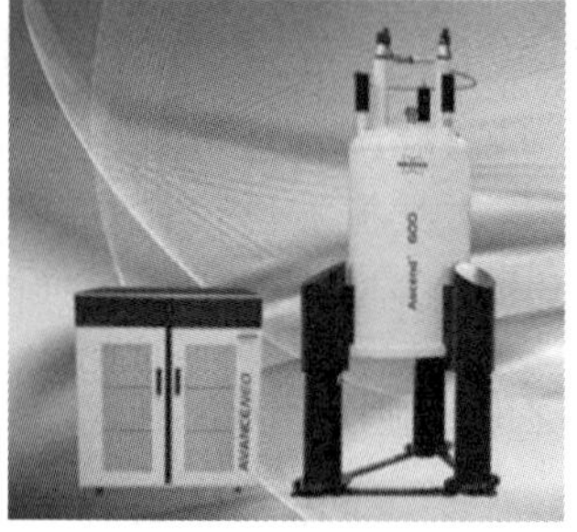

图 2-63 核磁共振波普仪

2.43 土壤有机碳活性和难降解性的测定

2.43.1 方法依据

（1）陈小云，郭菊花，刘满强，等. 施肥对红壤性水稻土有机碳活性和难降解性组分的影响 [J]. 土壤学报，2011(01):127-133.

（2）PLANTE A F, CONANT R T, PAUL E A, et al. Acid hydrolysis of easily dispersed and microaggregate-derived silt- and clay-sized fractions to isolate resistant soil organic matter [J]. European Journal of Soil Science, 2006, 57(4): 456-478.

2.43.2 方法要点

土壤经过 6 mol/L 盐酸溶液水解，产生物为活性炭组分，主要包括淀粉、半纤维素、可溶性糖等碳水化合物，同时也除掉了碳酸钙。水解产物丢弃，测定酸水解残留物的有机碳和该样品的总有机碳。通过计算得出土壤有机碳活性组分。

2.43.3 仪器设备

（1）电消解炉；

（2）离心机。

2.43.4 试剂

6 mol/L 盐酸溶液：量取 500 mL 浓盐酸与 500 mL 水中混合。

2.43.5 操作步骤

称取通过 60 目筛孔的土样 1.00 g 置于消煮管中，加入 20 mL 6 mol/L 盐酸溶液，盖上小漏斗，在 105 ℃电消解炉上浸泡 16 h，期间手工间歇摇晃。冷却后，转移至 50 mL 离心管中，调平后，放入离心机中以 4500 r/min 下离心 20 min，水解产物丢弃，残留物加入 35 mL 蒸馏水，摇晃 1 min，放入离心机中以 4500 r/min 下离心 5 min，以清洗干净残留的活性组分，重复 3 ～ 4 次。清洗干净残留物后，将离心管及残留物一同放入 60 ℃烘箱中烘干，磨细。用本书中土壤有机碳的测定 -（重铬酸钾外加热法）测定。同时测定土样的总有机碳。

2.43.6 计算公式

（1）土壤有机碳活性指数计算公式：

$$\text{土壤有机碳活性指数}=\frac{\text{总有机碳}-\text{难降解有机碳}}{\text{总有机碳}}\times 100$$

（2）土壤有机碳难降解指数计算公式：

$$土壤有机碳难降解指数 = \frac{难降解有机碳}{总有机碳} \times 100$$

2.43.7　注意事项

配置 6 mol/L 盐酸溶液时一定要在通风橱中操作，做好个人防护。

2.43.8　仪器图片

实验用到的仪器如图 2-64 ～图 2-65 所示。

图 2-64　消煮炉

图 2-65　定量氏转移冲洗器

2.44　土壤中有效硼的测定方法

2.44.1　方法依据

孟兆芳，程奕，陈秋生，等. 微波辅助萃取 ICP-MS 法测定土壤中有效硼 [J]. 中国土壤与肥料，2009(01):82-84.

2.44.2　方法要点

土壤中有效硼采用沸水提取，通过微波消解仪辅助萃取，萃取后的滤液，用电感耦合等离子体质谱 (ICP-MS) 进行定量分析。

2.44.3 试剂

（1）100 μg/mL 硼标准储备液 [GBW(E)080217]（网上购买）。

（2）标准曲线绘制：准确吸取 100 μg/mL 硼标准储备液 1 mL 于 100 mL 塑料容量瓶中，用超纯水定容，摇匀。（此溶液浓度为 1000 ng/mL 硼标准溶液）：分别吸取 1000 ng/mL 硼标准溶液 0 mL、0.5 mL、2 mL、5 mL、10 mL、20 mL 于 100 mL 塑料容量瓶中，用超纯水定容，摇匀。获得 0 ng/mL、5 ng/mL、20 ng/mL、50 ng/mL、100 ng/mL、200 ng/mL 硼（B）标准系列溶液。

2.44.4 仪器设备

（1）微波消解仪（CEC）；

（2）电感耦合等离子体质谱 (ICP–MS)。

2.44.5 操作步骤

准确称取通过 2 mm 筛孔的风干土样 10.00 g 置于聚四氟乙烯密闭消解罐中，加入 20.00 mL 超纯水，摇匀，拧紧盖子，将消解罐安置于消解管支架上，放入微波消解仪中，按照表 2–20 提供的微波消解仪程序进行提取，提取结束后冷却至室温，摇匀，打开密闭消解罐，静置 10 min 后，过滤至 15 mL 塑料离心管中，根据样品含量稀释上机。（也可以用本书中的土壤有效硼的测定方法 – 甲亚胺比色法测定。）

表 2–20　微波消解仪萃取条件

最大功率 /W	爬坡时间 /min	温度 /℃	保持时间 /min
600	5	70	5

2.44.6 结果计算

土壤有效硼（B）含量计算公式：

$$W_{\mathrm{B}} = \frac{C \times V \times D}{m} \times 1000$$

式中：

W_{B}——土壤中有效硼的含量，mg/kg；

C——由工作曲线查得硼的含量，ng/mL；

V——浸提液的体积，mL；

D——稀释倍数；

m——烘干土样的质量，g。

本试验方法的检出限为 1.13 ng/g 。

2.44.7 注意事项

（1）在整个提取测定过程中，都不要使用玻璃制品，玻璃制品中含有硼元素，容易污染样品。

（2）上机时，要用高盐雾化器。

（3）内标：选用锂（Li）元素作为硼（B）的内标元素。

2.45 土壤中有效钼的测定方法

2.45.1 方法依据

李力争，吴赫，韩张雄，等．电感耦合等离子体－质谱法测定土壤中的有效钼 Determination of Effective Molybdenum in Soil by ICP–MS[J]. 光谱实验室，2012, 029(004):2282–2285.

2.45.2 方法要点

土壤中有效钼采用 pH3.3 草酸－草酸铵溶液浸提，其中具备了弱酸性、还原性阴离子代换作用和配合作用，能浸提水溶性、交换态的和溶解本当数量铁铝氧化物中的钼。溶液中的钼用电感耦合等离子体质谱 (ICP–MS) 进行定量分析。

2.45.3 试剂

（1）浸提剂：称取 24.9 g 草酸铵 [$(NH_4)_2 \cdot C_2O_4$] 分析纯和 12.6 g 草酸 ($H_2C_2O_4 \cdot 2H_2O$) 分析纯溶于超纯水中，并用超纯水定容至 1 L。酸度应为 pH=3.3。（必要时在定容前用 pH 计校正。试剂中应不含钼。）

（2）1000 μg/mL 钼标准储备液 [GSB04–1737–2004]（网上购买）。

（3）标准曲线绘制：准确吸取 1000 μg/mL 钼标准储备液 0.1 mL 于 100 mL 容量瓶中，用超纯水定容，摇匀。（此溶液浓度为 1000 μg/mL 钼标准溶液）：分别吸取 1000 μg/mL 钼标准溶液 0 mL、0.5 mL、1 mL、2.5 mL、5 mL、10 mL 于 100 mL 容量瓶中，用超纯水定容，摇匀。获得 0 μg/mL、5 μg/mL、10 μg/mL、25 μg/mL、50 μg/mL、100 μg/mL 钼（Mo）标准系列溶液。

（4）内标溶液：（Rh）=10 μg/L。

（5）实验用水为电阻率 >18 MΩ · cm 的超纯水。

2.45.4 仪器设备

（1）恒温振荡机；

（2）电感耦合等离子体质谱 (ICP-MS)。

2.45.5 操作步骤

准确称取通过 2 mm 筛孔的风干土样 5.00 g 置于 125 mL 塑料广口瓶中，加入 50 mL 浸提剂，盖紧瓶盖，放在振荡机上 25 ℃振荡 30 min，放置过夜（超过 12 h），干过滤 (事先用经 6 mol/L 盐酸溶液处理过的滤纸)，弃去最初的浑浊溶液 10 ～ 15 mL,

滤液承接于 15 mL 塑料离心管中。(也可以用 0.45 μm 滤膜过滤。) 滤液用电感耦合等离子体质谱进行定量分析。同时做试剂空白（不加土样，其他试剂和样品一致）。

2.45.6 结果计算

土壤有效钼（Mo）含量计算公式：

$$W_{\mathrm{Mo}} = \frac{C \times V \times D}{m} \times 1000$$

式中：

W_{Mo}——土壤中有效钼的含量，mg/kg；

C——由工作曲线查得钼的含量，ng/mL；

V——浸提液的体积，mL；

D——稀释倍数；

m——烘干土样的质量，g。

本试验方法的检出限为 0.015 μg/g 。

3
植物分析测试方法

3.1 植物样品采集

根据采样的具体目的和要求，确定采样区、采样点。在所选择的采样点中选择合适的、具有代表性的指示性植物。通过植物的生长习性确定采样时间，然后根据对采集的植物的不同部位进行严格分类，确保得到理想的、所需要的样品信息。

对不同的植物样品，可以选择不同的采样方式：

（1）在每个采样小区内的采样点上分别采集 5 ～ 10 处植物的根、茎、叶、果实等，将不同部位样品混合，组成一个混合样，也可以整株采集再按部位分开处理。

（2）采集根部位样品，应尽量保持根部的完整。

（3）对一般旱作物，抖掉根上的泥土时，注意不要损失根毛。

（4）采集果树样品，要注意树龄、株型、生长势、载果数量和果实生长部位及方向。

（5）确认植物的组成，应选择生长正常、无病虫害的植物，如果是检测虫害或污染，应该选择受虫害影响的部分。

（6）进行新鲜样品分析，则在采集后用清洁、潮湿的纱布包住或装入塑料袋中，以免水分蒸发而萎缩。

（7）水生植物，如浮萍、藻类等，应采集全株。从污染严重的河、塘中捞取的样品，需用清水洗净，挑去水草等杂物。

样品带回实验室后，如测定新鲜样品，应立即处理和分析。无法及时分析完的样品，需暂时放于冰箱中保存。如果测定干样，则需将新鲜样品放在干燥通风处晾干或于烘箱中烘干。

3.2 植物样品的制备

从野外带回来的植物样品，要擦净和洗净，装入牛皮纸信封中，尽快用烘箱烘干。常用烘干的方法：在 105 ℃下，短时间（15 ～ 30 min）干燥（或杀青）后，再把温度调到 60 ～ 70 ℃烘干（一般要 48 h 以上才能烘干。）

3.3　样品研磨或粉碎

为使试样的组成更为均匀和易于进行分析，须将风干或烘干的样品研磨粉碎并均匀混合。谷类的果实样品须先脱壳再进行粉碎。通常使用的磨具有电动粉碎机、瓷质或石质的球磨、玛瑙研钵等。植物试样过筛一般没有标准筛孔规定，但不能磨得过细，以免灰化时引起微颗粒飞失。对多数分析要求来说，过 18 号筛（筛孔 1 mm）；若称样仅 1 ～ 2 g 者，宜用 35 号筛（筛孔 0.5 mm）；称样小于 1 g 者，须用 60 号筛（筛孔 0.25 mm）或 140 号（筛孔 0.1 mm）。若需测定试样中的微量元素，在研磨时应注意金属器械对试样污染的问题，因此最好使用玛瑙研钵并过尼龙筛，以避免因污染引起的误差。特制的不锈钢磨或瓷研钵也可选用。

本实验室一般选用球磨仪（图 3-1）来对植物进行研磨，有以下方法：

（1）对于植物样品量较少的，用 10 mL 塑料离心管加钢珠进行研磨。

（2）对于植物样品量较多的且比较柔软的植物样品，先用陶瓷剪刀把植物样品剪短一点，再用球磨仪的钢罐加钢珠进行研磨。

（3）对于植物样品量较多的且比较坚硬的植物样品，先用大型粉碎机（图 3-2）对植物样品粉碎，再用球磨仪的钢罐加钢珠进行研磨。

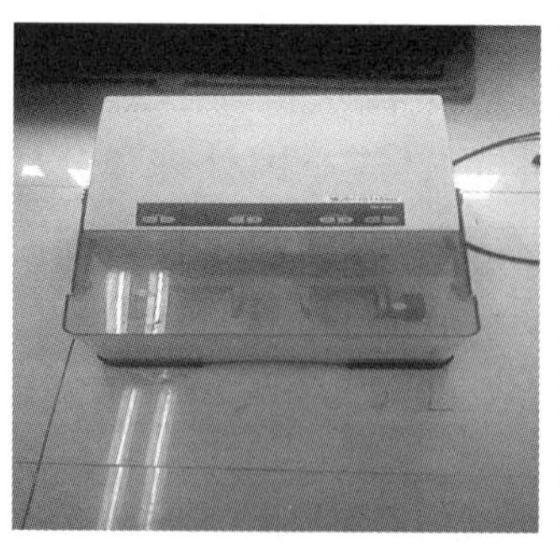

图 3-1　球磨仪

图 3-2　大型粉碎机

3.4 植物水分测定方法

3.4.1 方法依据

GB 5009.3—2016 食品中水分的测定（直接干燥法）

3.4.2 方法要点

植物样品在 75 ℃ ±2 ℃烘至恒重时的失量，即为植物样品所含水的质量。

3.4.3 仪器、设备

分析天平：感量为 0.0001 g 和 0.01 g；电热鼓风干燥箱；牛皮纸信封。（根据样品量的多少，来选择牛皮纸信封的大小。）

3.4.4 试样的选取和制备

在野外采集的植物样品要立即放入已知质量的牛皮纸信封中称重，记录质量，然后带回实验室进行烘干。

3.4.5 操作步骤

从野外带回来的植物样品要立即放在烘箱中烘干，先是在 105 ℃下，短时间（15 ～ 30 min）杀青后，再把温度调到 75 ℃烘至恒重。（一般要 48 h 以上）。

3.4.6 结果计算

$$\text{植物水分}(\%) = \frac{m_1 - m_2}{m_1 - m_0} \times 100$$

式中：

m_0——牛皮纸信封质量，g；

m_1——烘干前牛皮纸信封及植物质量，g；

m_2——烘干后牛皮纸信封及植物质量，g。

3.4.7 注意事项

（1）本标准不适合那些植物含糖量、含油量很高的植物样品。

（2）在烘箱中，不要放入太多植物样品，要让烘箱中的热风能够循环开，也不要把植物样品放在靠近烘箱热源处，要经常翻动一下植物样品，以免局部过热发生火灾。

3.5 植物全氮、全碳的测定（元素分析仪法）

3.5.1 方法依据

Mcgreehan S L，彭世逞．土壤和植物样品中碳，氮自动仪器分析 [J]. 土壤学进展，1991(2):49–50.

3.5.2 方法要点

样品在燃烧管中高温燃烧，使被测氮元素的化合物转化为 NO_x，然后经自然铜的还原和杂质（如卤素）去除过程，NO_x 被转化为 N_2，随后氮的含量被热导检测器检测。

3.5.3 试剂和材料

（1）标准物质试剂：acet。

（2）载气：氦气或氩气。

（3）氧气。

3.5.4 仪器和设备

天平（感量 0.1 mg）；元素分析仪。

3.5.5 操作步骤

称取通过（80 目）筛孔的植物样品 8 mg 左右于锡舟中，用镊子包好后，参照仪器使用说明，按样品测定程序，同时测定植物样品的全氮、全碳含量。

3.5.6 结果计算（仪器软件直接计算结果，没有特殊情况，无需计算）

用元素分析仪法测定植物全氮、全碳含量，计算见式：

$$W_N = \frac{X}{K_1}$$

式中：

W_N——植物全氮、全碳含量，g/kg；

X——仪器测量信号所转换成相应的含氮量，mg/kg；

K_1——由风干植物换算成烘干植物的水分换算系数。

允许差：两平行测定结果允许绝对差小于 5%。

3.5.7 注意事项

由于使用量少，所以样品一定要磨细，通过 80 目筛子的样品备用。

3.6 植物全碳测定方法（重铬酸钾外加热法）

3.6.1 方法依据

《陆地生物群落调查观测与分析》 主编：董鸣 植物全碳测定 – 容量法

3.6.2 方法要点

在一定的温度条件下，用过量的重铬酸钾 – 硫酸溶液将植物的有机碳氧化成二氧化碳，而重铬酸离子被还原成三价铬离子。剩余的重铬酸钾用二价铁的标准溶液滴定，由有机碳被氧化前后重铬酸根离子数量的变化计算，计算植物有机碳的含量。（植物中的全碳系指植物样品中的有机碳。）

3.6.3 主要仪器

50 mL 数字滴定器 ；温度计 (250 ℃) ；玻璃试管（ 2 × 20 cm ）；和试管匹配的小漏斗；电磁炉（家用即可）；油浴锅（家用双底加厚即可）；铁丝笼（大小和形状与油浴锅配套，内有若干小格，每格内可插入一支试管）；三角瓶（150 mL）；10 mL 瓶口分液器；5 mL 液枪等。

3.6.4 试剂

（1）0.8000 mol/L 1/6 $K_2Cr_2O_7$ 重铬酸钾 标准溶液：称取 39.2245 g 重铬酸钾（$K_2Cr_2O_7$，分析纯）溶解于 700 mL 水中，加入 100 mL 浓硫酸，冷却后，用水定容 1 L。

（2）0.2 mol/L 硫酸亚铁溶液：称取 56.0 g 硫酸亚铁（$FeSO_4 \cdot 7H_2O$，分析纯），溶解于 800 mL 水中，加 15 mL 浓硫酸，用水定容 1 L。（有条件的实验室可用超声波溶解。）

（3）邻啡啰啉指试剂：称取 1.485 g 邻啡啰啉（$C_{12}H_{11}O_2N$）及 0.695 g 硫酸亚铁（$FeSO_4 \cdot 7H_2O$, 分析纯），溶解于 100 mL 水中，贮于棕色瓶中。（有条件的实验室可用超声波溶解。）

（4）浓硫酸（密度 1.84 g/mL, 分析纯）。

（5）0.1 mol/L 1/6 $K_2Cr_2O_7$ 重铬酸钾标准溶液：称取 4.9031 g 在 105 ℃烘干（一般烘 2 h）的重铬酸钾（$K_2Cr_2O_7$，分析纯）溶解于 800 mL 水中，加 70 mL 浓硫酸，用水定容 1 L。（有条件的实验室可用超声波溶解）此溶液用来标定硫酸亚铁精确浓度。

3.6.5 方法步骤

1. 硫酸亚铁标定

（1）方法

分别吸取 10 mL 0.1 mol/L 1/6 $K_2Cr_2O_7$ 标准溶液，放在三个 150 mL 三角瓶中，加入 3 滴邻啡啰啉指试剂，用 0.2 mol/L 硫酸亚铁溶液滴定，溶液由橙黄经蓝绿变棕红色滴定终点。

（2）计算公式

$$C = \frac{0.1 \times V}{V_1}$$

式中：

C——硫酸亚铁精确浓度，mol/L；

0.1——0.1 mol/L 重铬酸钾标准溶液浓度，mol/L；

V——吸取 0.1 mol/L 重铬酸钾标准溶液体积，mL；

V_1——滴定 0.1 mol/L 重铬酸钾标准溶液所用去的硫酸亚铁溶液的体积，mL。（是三次的平均值）

2. 样品操作步骤

（1）称样

称取 0.0085 ～ 0.0110 g(精确到 0.0001 g）通过（100 目筛子）的植物样品于玻璃试管底部，依次加入 0.2 g 左右的石英砂，0.8000 mol/L 1/6 $K_2Cr_2O_7$ 重铬酸钾溶液 5 mL 于玻璃试管中，然后再加入 4.5 mL 浓硫酸于玻璃试管中。（要慢慢加入硫酸，快了，喷溅出来烧到人 . 很危险！）

（2）消煮

先将油浴锅加热至 180 ℃，将盛土样的玻璃试管摇匀后插入铁丝笼架中，加上小漏斗。然后将其放入油锅中加热，此时应控制锅内温度在 170 ～ 180 ℃之间，等到大部分试管都沸腾，开始计时。保持沸腾 5 min，（消煮时间要精确到秒）然后取出铁丝笼架，待试管稍冷后，消煮完成。（如煮沸后的溶液呈绿色，表示重铬酸钾用量不足，应减少称植物样的量。）

注：消煮时先将电磁炉放在火锅档；使温度升到 170 ℃；然后减到 800 W（或 130 ℃）使温度升高到 180 ℃，把样品放到油浴锅中，沸腾后计时，再减到 500 W（或 100 ℃）直到消煮结束。需要继续消煮时在调到 800 W（或 130 ℃）使温度升高到 180 ℃，把样品放到油浴锅中，沸腾后计时，再调到 500 W（或 100 ℃）直到消煮结束。

（3）滴定

先将小漏斗取下，再将 150 mL 三角瓶洗干净后加入 3 ～ 5 滴邻啡啰啉指试剂。将试管内混合物洗入 150 mL 三角瓶中，使瓶内体积在 60 ～ 80 mL 左右，用 0.2 mol/L 硫酸亚铁溶液滴定，溶液由橙黄经蓝绿变棕红色终点。

注：每批分析时，必须做 2 ～ 3 个空白；空白不加植物样品，但要加入 0.1 ～ 0.5 g 石英沙，（在消煮时防止溅出）其他步骤与测定植物样品时完全相同，记录硫酸亚铁用量（V_0）。空白值很重要。

3.6.6 结果计算

$$植物中碳\ (\%) = \frac{(V_0 - V) \times C \times 0.003}{m} \times 100$$

式中：

C——硫酸亚铁标准溶液浓度，mol/L；

V_0——滴定空白所用去硫酸亚铁体积，mL；

V——滴定植物样所用去硫酸亚铁体积，mL；

0.003——1/4 碳原子的摩尔质量，g/mmol；

m——植物样质量，g。

3.6.7 注意事项

为了保证有机碳氧化完全，如样品测定时所用硫酸亚铁溶液体积小于空白标定时所消耗硫酸亚铁溶液体积的三分之一时，需减少称样量（重做）。

3.7 植物全氮的测定（凯氏定氮法）

3.7.1 方法依据

GB 7886—87 森林植物与森林枯枝落叶层全氮的测定（凯氏氮）

3.7.2 方法要点

在硫酸铜与硫酸钾的存在下，用浓硫酸消煮植物样品，使植物中的氮素转变为硫酸铵。

3.7.3 主要仪器

凯氏定氮仪、消煮炉。

3.7.4 试剂

（1）浓硫酸（密度 1.84 g/mL, 分析纯）。

（2）加速剂：称取 100 g 硫酸钾和 10 g 硫酸铜混匀，粉碎，备用。（使用万能粉碎机粉碎 30 几秒钟即可。）

（3）2% 硼酸溶液：称取 20 g 硼酸溶于水中，用水定容至 1 L。

（4）40% 氢氧化钠溶液：称取 1000 g 氢氧化钠溶于 2.5 L 水中。（一般取 2 瓶氢氧化钠倒入 2.5 L 水中，边加氢氧化钠边搅拌。冷却后使用，必须在通风橱里操作。）

（5）指示剂：称取 0.099 g 溴甲酚绿和 0.066 g 甲基红溶于 100 mL 95%

乙醇中。（此指示剂保质期 1 个月。）

（6）酸标准溶液：0.02 mol/L（1/2 H_2SO_4），用移液管或移液器量取 2.83 mL 的 H_2SO_4，加水定容至 5 L。

（7）0.0200 mol/L 1/2 $Na_2B_4O_7$（硼砂）标准溶液：称取 1.9068 g 硼砂（$Na_2B_4O_7 \cdot 10H_2O$，需使用实验室干燥器中平衡好的），溶于水中，移入 500 mL 容量瓶中，用水定容至标度。

3.7.5 操作步骤

（1）称取过 0.149 mm 筛孔的烘干植物样 0.1000 ～ 0.1500 g 于凯氏消煮管底部，依次加入加速剂 1 g，浓硫酸 5 mL, 摇匀，瓶口加盖漏斗，然后置于 380 ℃消煮炉上消煮，同时做 2 个空白。（不加植物样，其他试剂和样品一致。）

（2）消煮 1.5 h。消煮完毕后，冷却，待蒸馏。

（3）待消煮液冷却，将漏斗上的残留物用少量蒸馏水洗入管内，然后把消煮管接到蒸馏装置上；同时将洗干净的 250 mL 三角瓶滴入 3 ～ 5 滴指示剂，接到冷凝管的下端，操作仪器进行蒸馏。

（4）蒸馏完毕，用少量蒸馏水冲洗冷凝管端部，取下三角瓶，然后用 0.02 mol/L H_2SO_4 标准溶液滴定，当蒸馏溶液由蓝绿色突变粉红色即达到终点，记下滴定的 mL 数（V）。滴定空白时，缓慢滴定，以免滴过量。

（5）标定：用移液器准确吸取 10 mL 0.02 mol/L 硼砂标准溶液 2 ～ 3 份于 150 mL 三角瓶中，分别加 3 ～ 4 滴指示剂，用于标定硫酸标准溶液浓度。

（6）计算公式

$$C = \frac{0.02 \times V}{V_1}$$

式中：

C——硫酸精确浓度，mol/L；

0.02——0.02 mol/L 硼砂标准溶液浓度，mol/L；

V——吸取 0.02 mol/L 硼砂标准溶液体积，mL；

V_1——滴定 0.02 mol/L 硼砂标准溶液所用去的硫酸溶液的体积，mL。

3.7.6 计算结果

$$\text{植物全氮N}\ (g/kg)=\frac{(V-V_0)\times C\times 0.014}{m}\times 1000$$

式中：

N——全氮（TN）质量分数，g/kg；

V——滴定样品用酸标准溶液的 mL 数；

V_0——滴定空白用酸标准溶液的 mL 数；

C——酸标准溶液的浓度 ,mol/L；

0.014 —氮原子的摩尔质量，g/ mmol；

1000——换算为 g/kg 的系数；

m——烘干植物样品的质量，g。

3.7.7 注意事项

做空白时需要把定氮仪清洗几次，再做空白样品。这样可以保证空白不被污染。

3.8 植物中氮、磷、钾的测定

3.8.1 方法依据

NY/T 2017–2011 植物中氮、磷、钾的测定

3.8.2 方法要点

植物中的氮、磷大多数以有机态存在，钾以离子态存在。样品经硫酸和过氧化氢消煮，有机物被氧化分解，使样品中的有机氮化物转化成无机铵盐，有机磷转化成无机磷酸盐，用同一消解液分别测定氮（N）、磷（P）、钾（K）的含量。

氮的测定：消解液经碱化，加热蒸馏出氨，经硼酸吸收，用标准酸溶液滴定其含量。

磷的测定：在一定酸度下，消解液中的正磷酸与偏钒酸和钼酸生成黄色的三元杂多酸，用比色法测定磷含量，即钒钼黄吸光光度法。或在一定

酸度下，消解液在三价锑离子存在下，其中的正磷酸与钼酸铵生成三元杂多酸，被抗坏血酸还原为磷钼蓝，用比色法测定磷含量，即钼锑抗吸光光度法。

钾的测定：将处理过的样品导入原子吸收分光光度计的火焰原子化系统中，使钾离子原子化，钾的基态原子吸收钾空心阴极灯发射的共振线，在共振线 766.5 nm 处测定吸光度，其吸光度值与钾含量成正比，与标准系列进行比较定量。

3.8.3 仪器

凯氏定氮仪；分光光度计；原子吸收分光光度计：备有火焰检测器；分析天平，感量为 0.0001 g；消煮炉。

3.8.4 试剂

（1）硫酸（H_2SO_4）；

（2）过氧化氢（H_2O_2,30%）。

3.8.5 操作步骤

1. 试样制备

新鲜样品，用自来水和去离子水依次洗净后，用干净纱布轻轻擦去其表面水分，用四分法取样或直接放入组织捣碎机中制成匀浆，备用。植物干样，先将样品在 80 ～ 90 ℃烘箱中烘 15 ～ 30 min, 然后降温至 60 ～ 70 ℃，赶尽水分，用植物样品粉碎机粉碎，过 40 目筛混匀，备用。

2. 试样消解

称取均匀植物干样 0.1 ～ 0.5 g（精确到 0.0001 g）于凯氏消煮管内，或称取新鲜试样 1 ～ 5 g 于凯氏消煮管内，在凯氏消煮管内加入 5 mL 硫酸，摇匀，加盖小漏斗，置于 360 ℃消煮炉上加热消煮，加热 30 min 后，取下冷却 10 min, 在向消煮管内加入 2 mL 30% 过氧化氢，摇匀，放在消煮炉继续消煮 15 min, 取下冷却 10 min, 再向消煮管内加入 1 mL 30% 过氧化氢，摇匀，放在消煮炉继续消煮 30 min, 此时溶液呈无色或清亮。（如果溶液还是没有呈无色或清亮，再加 1 mL 30% 过氧化氢，摇匀，放在消煮炉继续消煮 30 min，一般加 2 次过氧化氢就可以做到溶液无色或清亮）取下冷却后，用水将消化液全部转移到 100 mL 容量瓶中，定容，用无磷滤纸过滤，即得待测液 A，用于氮（N）、磷（P）、钾（K）的测定。同时做试剂空白试验。

3.8.6　氮的测定：凯氏定氮仪法（此待测液也可以用流动分析仪测定氮）

1. 试剂

（1）2% 硼酸溶液：称取 20 g 硼酸溶于水中，定容至 1 L。

（2）40% 氢氧化钠溶液：称取 1000 g 氢氧化钠溶于 2.5 L 水中。（一般取 2 瓶氢氧化钠倒入 2.5 L 水中，边加氢氧化钠边搅拌。冷却后使用，必须在通风橱里操作。）

（3）指示剂：称取 0.099 g 溴甲酚绿和 0.066 g 甲基红溶于 100 mL 95% 乙醇中。

（4）酸标准溶液：0.02 mol/L（1/2 H_2SO_4）：用移液管或移液器量取 2.83 mL 的 H_2SO_4，加水定容至 5 L。

（5）0.0200 mol/L 1/2 $Na_2B_4O_7$（硼砂）标准溶液：称取 1.9068 g 硼砂（$Na_2B_4O_7 \cdot 10H_2O$，需使用实验室干燥器中平衡好的），溶于水中，移入 500 mL 容量瓶中，用水定容至标度。

2. 标定

用移液器准确吸取 10 mL 0.02 mol/L 硼砂标准溶液 2 ～ 3 份于 150 mL 三角瓶中，分别加 3 ～ 4 滴指示剂，用于标定硫酸标准溶液浓度。

计算公式：

$$C = \frac{0.02 \times V}{V_1}$$

式中：

C——硫酸精确浓度，mol/L；

0.02——0.02 mol/L 硼砂标准溶液浓度，mol/L；

V——吸取 0.02 mol/L 硼砂标准溶液体积，mL；

V_1——滴定 0.02 mol/L 硼砂标准溶液所用去的硫酸溶液的体积，mL。

3. 蒸馏及滴定

准确吸取 10 ～ 20 mL 待测液 A 于凯氏消煮管内，然后把消煮管接到蒸馏装置上；同时将洗干净的 250 mL 三角瓶滴入 3 ～ 5 滴指示剂，接到冷凝管的下端，操作仪器进行蒸馏。

蒸馏完毕，用少量蒸馏水冲洗冷凝管端部，取下三角瓶，然后用 0.02 mol/L H_2SO_4 标准溶液滴定，当蒸馏溶液由蓝绿色突变粉红色即达到终点，记下滴定的 mL 数（V）。滴定空白时，缓慢滴定，以免滴过量。

4. 计算结果

$$\text{植物全氮N (g/kg)} = \frac{(V - V_0) \times C \times t_s \times 0.014}{m} \times 1000$$

式中：

N——全氮（TN）质量分数，g/kg；

V——滴定样品用酸标准溶液的 mL 数；

V_0——滴定空白用酸标准溶液的 mL 数；

C——酸标准溶液的浓度 ,mol/L；

t_s——分取倍数，$t_s = \dfrac{\text{待测液}A\text{体积 (mL)}}{\text{吸取待测液体积 (mL)}}$

0.014 ——氮原子的摩尔质量，g/ mmol；

1000——换算为 g/kg 的系数；

m——烘干植物样品的质量，g。

3.8.7 磷的测定：钼提抗吸光光度法（此待测液也可以用流动分析仪测定磷）

1. 试剂

（1）4 mol/L 氢氧化钠溶液：160 g 氢氧化钠溶于水，用水定容至 1 L。

（2）0.5 mol/L 硫酸溶液：吸取 28 mL 浓硫酸，缓缓注入水中，并用水定容至 1 L。

（3）2，4- 二硝基酚（或 2，6- 二硝基酚）指示剂：溶解 0.20 g 2，4-二硝基酚于 100 mL 95%乙醇。

（4）钼锑贮存液：

A 溶液：称取 10 g 钼酸铵〔$(NH_4)_6Mo_7O_{24} \cdot 4H_2O$, 分析纯〕溶解于 400 mL 水中，缓慢地加入 153 mL 浓硫酸（密度 1.84 g/mL, 分析纯）。注：边加浓硫酸边搅拌。

B 溶液：称取 0.5 g 酒石酸锑钾（$KSbOC_4H_4O_6 \cdot 1/2H_2O$, 分析纯），

溶解于 100 mL 水中。

当 A 溶液冷却到室温后，将 B 溶液倒入 A 溶液中，最后用水定容至 1 L。避光贮存。

（5）钼锑抗显色剂：称取 1.50 g 抗坏血酸（$C_6H_8O_6$，左旋，旋光度 +21° ～ +22°，分析纯）溶于 100 mL 钼锑贮存液中。此溶液须现用现配。

（6）100 ppm 磷（P）标准溶液：称取 0.4394 g 在 105 ℃烘干的磷酸二氢钾（KH_2PO_4，分析纯）溶解于 800 mL 水中，加 5 mL 浓硫酸（防腐），用水定容到 1 L，浓度为 100 ppm 磷（P），此溶液可以长期保存。

（7）5 ppm 磷（P）标准溶液：吸取 100 ppm 磷（P）标准溶液 5 mL 于 100 mL 容量瓶中，用水定容。此溶液为 5 ppm 磷（P）标准溶液，不宜久存，须现用现配。

2. 操作步骤

（1）测定：吸取上述待测液 A 1 ～ 10 mL（含磷不超过 30 ppm），置于 50 mL 容量瓶中，加水 10 ～ 15 mL，加 1 滴 2，4- 二硝基酚指示剂，用 4 mol/L 氢氧化钠溶液调溶液至黄色，然后用 0.5 mol/L 硫酸溶液调节至溶液刚呈淡黄色，加 5 mL 钼锑抗显色剂，用水定容，摇匀。30 min 后在分光光度计上，用 1 cm 比色皿，选 700 nm 波长比色。同时做试剂空白试验。注：溶液颜色在 8 h 内可保持稳定。

（2）工作曲线的绘制：分别吸取 5 ppm 磷（P）标准溶液 0 mL、1 mL、2 mL、3 mL、4 mL、5 mL、6 mL 于 50 mL 容量瓶中，加水到 10 ～ 15 mL，加 1 滴 2，4- 二硝基酚指示剂，用 4 mol/L 氢氧化钠溶液调溶液至黄色，然后用 0.5 mol/L 硫酸溶液调节至溶液刚呈淡黄色，加 5 mL 钼锑抗显色剂，用水定容，摇匀。30 min 后在分光光度计上，用 1 cm 比色皿，选 700 nm 波长比色。（溶液颜色在 8 h 内可保持稳定）获得 0 ppm、0.1 ppm、0.2 ppm、0.3 ppm、0.4 ppm、0.5 ppm、0.6 ppm 磷（P）标准系列显色液。用 0 ppm 磷（P）标准系列显色液作参比，调吸收值到零，由低浓度到高浓度测定标准系列显色液的吸收值。在分光光度计上就可看绘制的工作曲线 。（先做工作曲线，再测定样品）

3. 结果计算

$$\text{植物全磷}(\text{P},\%)=\frac{C\times V\times t_s}{m\times 10^6}\times 100$$

式中：

C——从工作曲线上查得显色液的磷 ppm 数；

V——显色液体积，50 mL；

t_s——分取倍数，$t_s = \frac{待测液体积（mL）}{吸取待测液体积（mL）}$

m——烘干植物样质量，g；

10^6——将微克换算成克的除数。

4. 注意事项

（1）要求吸取待测液中含磷 5 ～ 25 ppm，事先可以吸取一定量的待测液，显色后用目测法观察颜色深度，然后估计出应该吸取待测液的毫升数。

（2）钼锑抗法要求显色液中硫酸浓度为0.23～0.33 mol/L 。如果酸度小于0.23 mol/L，虽然显色加快，但稳定时间较短；如果酸度大于0.33 mol/L，则显色变慢。钼锑抗法要求显色温度为 15 ℃以上，如果室温低于 15 ℃，可放置在 30 ～ 40 ℃的恒温箱中保持 30 min, 取出冷却后比色。

3.8.8　钾的测定：火焰原子吸收分光光度法

1. 试剂

（1）氯化铯溶液（50 g/L）：称取 5 g 氯化铯，用水溶解并定容至 100 mL。

（2）钾标准贮存液（1000 mg/L）: 购买国家有证钾单元素标准溶液。

（3）钾标准使用液（10 mg/L）: 用水将 1000 mg/L 钾标准贮存液逐级稀释至 10 mg/L。

2. 仪器参考条件

根据不同型号的原子吸收分光光度计说明书，选择最佳仪器参数。由于各型号仪器设计不同，本标准提供的参数仅供参考，钾测定波长为 766.5 nm，灯电流为 5 mA, 狭缝宽度 0.5 nm, 燃烧器高度 6 mm, 燃气流量 1.3 L/min。开机点火稳定 5 ～ 10 min 后进行测量。

3. 标准工作曲线

分别吸取钾标准使用液 0.0 mL、1.0 mL、2.0 mL、3.0 mL、4.0 mL、5.0 mL 于 50 mL 容量瓶中，加入 2 mL 氯化铯溶液，加入 0.5 mL 硫酸，定容， 即 得 0.0 mg/L、0.2 mg/L、0.4 mg/L、0.6 mg/L、0.8 mg/L、1.0 mg/L

钾标准系列溶液。依次将上述标准系列溶液吸入原子化系统中，用0.0 mg/L溶液调整零点，测定钾标准系列溶液吸光度，以吸光度为纵坐标，钾标准系列溶液的质量浓度为横坐标，计算直线回归方程。

4. 测定

吸取待测液 A 1～5 mL 于 50 mL 容量瓶中，加入 2 mL 氯化铯溶液，用水稀释并定容至刻度，摇匀。将此溶液导入原子化系统中，用试剂空白溶液调整零点，以测得的吸光度值由直线回归方程计算出或由标准曲线查得待测液中钾（K）含量。如果吸光度超过 1.0 mg/L 钾（K）的吸光度时，则将待侧液稀释后重新测定。按上述步骤同时测定试剂空白消解液中钾的含量。

5. 结果计算

$$\text{植物全钾}(\mathrm{K},\%)=\frac{C\times V\times t_s}{m\times 10^6}\times 100$$

式中：

C——从工作曲线上查得待测液中钾 ppm 数；

V——测定时待测液体积，50 mL；

t_s——分取倍数，$t_s=\dfrac{\text{待测液体积（mL）}}{\text{吸取待测液体积（mL）}}$

m——烘干植物样质量，g；

10^6—将微克换算成克的除数。

精密度：在重复条件下获得的两次独立测试结果的绝对差值不得超过这两次测定算术平均值的 7%（氮）、8%（磷）和 7%（钾）。

3.8.9 仪器图片

实验用到的仪器如图 3-3 ～图 3-5 所示。

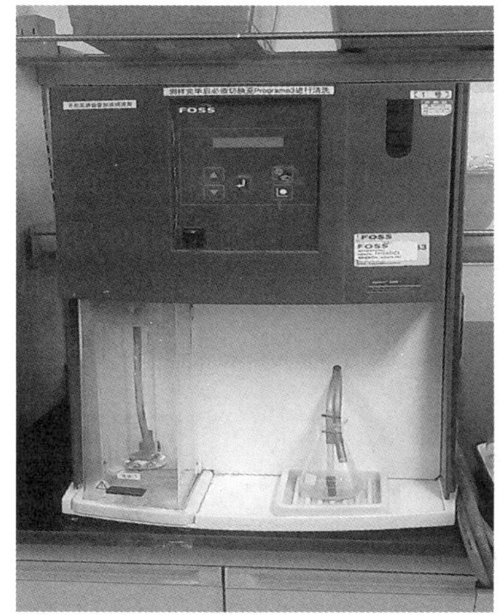

图 3-3 凯氏定氮仪

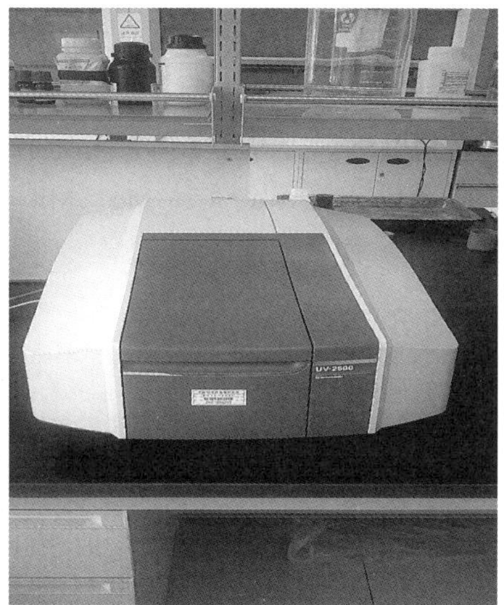

图 3-4 紫外分光光计

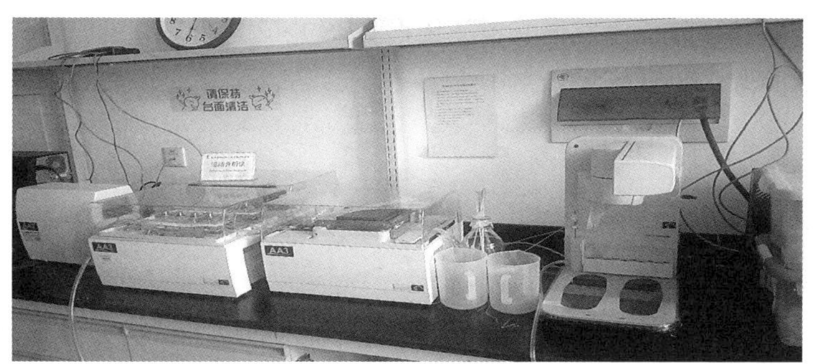

图 3-5 流动分析仪

3.9 植物 22 种元素的测定

3.9.1 方法依据

乔爱香，曹磊，江冶，等 . 干法灰化和微波消解 – 电感耦合等离子体发射光谱法测定植物样品中 22 个主次量元素 [J]. 岩矿测试 ,2010,29(1):29–33.

3.9.2 方法要点

通过对植物样品中加入硝酸和过氧化氢，用微波消解分解法处理植物试样，用电感耦合等离子体发射光谱法测定样品中 Al、Ba、Ca、Cd、Co、Cr、Cu、Fe、K、La、Li、Mg、Mn、Na、Ni、P、Pd、S、Sr、Ti、V、Zn 等 22 个主、次量元素的含量。

3.9.3 试剂

（1）硝酸（优级纯）；

（2）过氧化氢（优级纯）；

（3）盐酸（优级纯）；

（4）6 mol/L 盐酸溶液：量取 500 mL 盐酸于 500 mL 水中，冷却后，定容至 1 L。

3.9.4 仪器设备

电感耦合等离子体发射光谱（ICP–OES）；微波消解仪（CEC）；分析天平，感量为 0.0001 g。

3.9.5 操作步骤

1. 试样消解

方法一：

称取 0.1500 ～ 0.3000 g 通过（80 目）筛孔的烘干植物样品于微波消解管中，加入 6 mL 硝酸，摇匀，必须放置 2 ～ 4 h 后，（最好是放置过夜，消煮效果最佳）加入 2 mL 过氧化氢，摇匀，在放置 15 min，拧紧盖子，放入微波消解仪中，进行消解。（微波消解仪参数见表 3–1）消解结束冷却后，打开微波消解管盖子，用水把消解管中溶液全部转移到 50 mL 塑料容量瓶中，用少量水多次冲洗消解管壁，洗净后，用水定容，摇匀，用定量滤纸过滤。待测液即可直接用电感耦合等离子体发射光谱测定试液中元素。（本实验室常用方法）

表 3-1　微波消解参考程序

步骤	升温时间 /min	目标温度 /℃	保持时间 /min
1	5	100	2
2	5	150	10
3	5	180	30

方法二：

称取 0.1500 ～ 0.3000 g 通过（80 目）筛孔的烘干植物样品于微波消解管中，加入 7 mL 硝酸，摇匀，必须放置 2 ～ 4 h 后，（最好是放置过夜，消煮效果最佳。）加入 1 mL 过氧化氢，摇匀，在放置 15 min，拧紧盖子，放入微波消解仪中，进行消解，（微波消解仪参数见表 3-2）消解结束冷却后，打开微波消解管盖子，把微波消解管中溶液转移至 50 mL 聚四氟乙烯烧杯中，用少量水多次冲洗消解管壁，洗净后，在 150 ℃电热板上蒸至剩 1 mL 左右，加入 1.5 mL6 mol/L 盐酸溶液，加热提取 5 min，取下，冷却后，用水把聚四氟乙烯烧杯中溶液全部转移到 10 mL 塑料容量瓶中，最后用水定容，摇匀，用定量滤纸过滤。待侧液即可直接用电感耦合等离子体发射光谱测定试液中元素。

表 3-2　微波消解参考程序

步骤	升温时间 /min	目标温度 /℃	保持时间 /min
1	5	100	2
2	5	150	10
3	5	180	30

2. 标准贮存液

Al、Ba、Ca、Cd、Co、Cr、Cu、Fe、K、La、Li、Mg、Mn、Na、Ni、P、Pd、S、Sr、Ti、V、Zn 的 100 mg/L 标准贮存液，购买国家标准有证单元素标准溶液或多元素标准溶液。

3. 多元素混合标准的浓度表

多元素混合标准的浓度表如表 3–3 所示。

表 3–3　多元素混合标准的浓度表

元素	单位：mg/L								
Ba、Cd、Co、Cr、Cu、La、Li、Mn、Ni、P、Pd、Sr、Ti、V、Zn（混标）	1	2	3	4	5	6	7	8	9
	0	0.1	1.0						
Al、Fe、K	0			10	20				
Ca、Mg、Na	0					10	100		
S	0							10	100

注：也可以参照本书中，土壤多元素测定中的标准曲线配置表中，去配制标准曲线。

4. 测定

开机程序，根据仪器说明书进行操作。先把标准曲线系列溶液导入电感耦合等离子体发射光谱仪或电感耦合等离子体质谱仪中，测定结束，确定曲线没有问题后，再把试液导入电感耦合等离子体发射光谱仪或电感耦合等离子体质谱仪中，依次测定各个试液中元素含量。元素波长（见表 3–4）参考。

表 3–4　元素的分析线

元素	波长 /nm	元素	波长 /nm	元素	波长 /nm	元素	波长 /nm
La	408.672	Li	670.784	Sr	407.77	Fe	259.940
Ba	455.403	Mn	257.610	Ti	334.941	K	766.491
Cd	226.502	Ni	231.604	V	310.230	Mg	285.213
Co	228.616	P	213.618	Zn	213.856	Na	589.592
Cr	267.716	Pd	220.353	Al	396.152	–	–
Cu	324.754	S	182.000	Ca	317.933	–	–

特别提示：需要测定 S 元素时，要提前打开氩气，吹 12 h，这才能使仪器稳定。

3.9.6　结果计算

$$W(\text{植物22个元素 mg / kg}) = \frac{C \times V \times t_s}{m}$$

式中：

W(植物 22 个元素)——植物 22 个元素的质量分数，mg/kg；

C——测定液中元素的质量浓度，μg/mL；

V——测定液体积，mL；

t_s——稀释倍数；

m——烘干植物质量，g。

3.9.7　注意事项

（1）需要测定 B、Na 元素时，不要使用玻璃器皿，以免污染试液。

（2）测定微量元素时，可以选择用电感耦合等离子体质谱法测定，结果会更好。

3.9.8　仪器图片

实验用到的仪器如图 3-6 ～图 3-7 所示。

图 3-6　微波消解仪

图 3-7　电感耦合等离子体发射光谱

3.10 植物中砷、锑、铋和汞元素的测定

3.10.1 方法依据

崔艳红，李伟，赵富荣，寿森钧，刘周恩. 微波消解－原子荧光光谱法四通道同时测定中草药中砷、锑、铋和汞元素含量[J]. 分析仪器,2018(04):21–25.

3.10.2 方法要点

样品经微波消解后试液进入原子荧光光度计，在硼氢化钾溶液还原作用下，生成砷化氢、铋化氢和锑化氢气体，汞被还原成原子态。在氩氢火焰中形成基态原子，在元素灯（汞、砷、铋、锑）发射的激发下产生原子荧光，原子荧光强度与试液中元素含量成正比。

3.10.3 试剂

除非另有说明，分析时均使用符合国家标准的优级纯试剂，实验用水为新制备的去离子水。

（1）盐酸（HCl，$\rho \approx 1.19\ g \cdot cm^{-3}$ 优级纯）。

（2）硝酸（HNO_3，$\rho \approx 1.42\ g \cdot cm^{-3}$ 优级纯）。

（3）氢氧化钾（KOH）。

（4）硼氢化钾（KBH_4）。

（5）盐酸溶液（5+95）：移取 25 mL 盐酸于 500 mL 容量瓶中，用水稀释至刻度线。

（6）盐酸溶液（1+1）：移取 500 mL 盐酸于 1 L 容量瓶中，用水稀释至刻度线。

（7）硫脲（CH_4N_2S）：分析纯。

（8）抗坏血酸（$C_6H_8O_6$）：分析纯。

（9）还原剂：

①硼氢化钾溶液（10 g/L）A：称取 0.5 g 氢氧化钾放入盛有 100 mL 水

的烧杯中，用玻璃棒搅拌至完全溶解后，再加入 1.0 g 硼氢化钾，搅拌溶解。此溶液当日配制，用于测定汞。

②硼氢化钾溶液（20 g/L）B：称取 0.5 g 氢氧化钾放入盛有 100 mL 水的烧杯中，用玻璃棒搅拌至完全溶解后，再加入 2.0 g 硼氢化钾，搅拌溶解。此溶液当日配制，用于测定砷、铋、锑。

注：也可以用氢氧化钠、硼氢化钠配置硼氢化钠溶液。

（10）10% 硫脲和抗坏血酸混合溶液：称取硫脲、抗坏血酸各 10 g，用 100 mL 水溶解，混匀，使用当日配制。

（11）汞标准固定液（简称固定液）：称取 0.5 g 重铬酸钾溶于 950 mL 水中，再加入 50 mL 硝酸，混匀。

（12）汞（Hg）标准溶液（100.0 mg/L）：购买市售有证标准物质。

①汞标准中间液（1.00 mg/L）：移取 5.00 mL 100.0 mg/L 汞标准溶液于 500 mL 容量瓶中，用固定液定容至标线，混匀。

②汞标准使用液（10.0 μg/L）：移取 5.00 mL 1.00 mg/L 汞标准中间液于 500 mL 容量瓶中，用固定液定容至标线，混匀。用时现配。

（13）砷（As）标准溶液（100.0 mg/L）：购买市售有证标准物质。

①砷标准中间液（1.00 mg/L）：移取 5.00 mL 100.0 mg/L 砷标准溶液于 500 mL 容量瓶中，加入 100 mL 1+1 盐酸溶液，用水定容至标线，混匀。

②砷标准使用液（100.0 μg/L）：移取 10.00 mL 1.00 mg/L 砷标准中间液于 100 mL 容量瓶中，加入 20 mL 1+1 盐酸溶液，用水定容至标线，混匀。用时现配。

（14）铋（Bl）标准溶液（100.0 mg/L）：购买市售有证标准物质。

①铋标准中间液（1.00 mg/L）：移取 5.00 mL 100.0 mg/L 铋标准溶液于 500 mL 容量瓶中，加入 100 mL 1+1 盐酸溶液，用水定容至标线，混匀。

②铋标准使用液（100.0 μg/L）：移取 10.00 mL 1.00 mg/L 铋标准中间液于 100 mL 容量瓶中，加入 20 mL 1+1 盐酸溶液，用水定容至标线，混匀。用时现配。

（15）锑（Sb）标准溶液（100.0 mg/L）：购买市售有证标准物质。

①锑标准中间液（1.00 mg/L）：移取 5.00 mL 100.0 mg/L 锑标准溶液于 500 mL 容量瓶中，加入 100 mL 1+1 盐酸溶液，用水定容至标线，混匀。

②锑标准使用液（100.0 μg/L）：移取 10.00 mL 1.00 mg/L 锑标准中间

液于 100 mL 容量瓶中，加入 20 mL 1+1 盐酸溶液，用水定容至标线，混匀。用时现配。

（16）载气和屏蔽气：氩气（纯度≥ 99.99%）。

（17）慢速定量滤纸。

3.10.4 仪器和设备

微波消解仪（CEM）；原子荧光光度计（具汞、砷、铋、锑的元素灯）；恒温水浴锅；分析天平：精度 0.0001 g；实验室常用设备。

3.10.5 试样的制备

称取 0.1500 ～ 0.3000 g 通过（80 目）筛孔的烘干植物样品于微波消解管中，加入 6 mL 硝酸，摇匀，必须放置 2 ～ 4 h 后，（最好是放置过夜，消煮效果最佳。）加入 2 mL 过氧化氢，摇匀，在放置 15 min，拧紧盖子，放入微波消解仪中，进行消解（微波消解仪参数见表 3–5），消解结束冷却后，打开微波消解管盖子，把微波消解管中溶液转移至 50 mL 聚四氟乙烯烧杯中，用少量水多次冲洗消解管壁，洗净后，在 120 ℃电热板上蒸至剩 5 mL 左右止，取下，冷却后，加入 1.0 mL 1+1 盐酸溶液，加入 10% 硫脲和抗坏血酸混合溶液，用水把聚四氟乙烯烧杯中溶液全部转移到 10 mL 容量瓶中，最后用水定容，摇匀，预还原后测定汞、砷、铋、锑元素。同样的方法做 2 ～ 3 个空白（不加土样）。

表 3–5 微波消解参考程序

步骤	升温时间 /min	目标温度 /℃	保持时间 /min
1	5	100	2
2	5	150	3
3	5	180	30

3.10.6 操作步骤

1. 原子荧光光度计的调试

原子荧光光度计开机预热，按照要求使用说明书设定灯电流、负高压、载气流量、屏蔽气流量等工作参数，参考条件见表3–6。

表3–6　工作参数

元素名称	灯电流/mA	负高压/V	原子化器温度/℃	屏蔽气流量/(mL/min)	灵敏线波长/nm
汞	15～40	230～300	200	800～1000	253.7
砷	40～80	230～300	200	800	193.7
铋	40～80	230～300	200	800～1000	306.8
锑	40～80	230～300	200	400～700	217.6

2. **标准曲线系列的制备**

（1）汞系列标准曲线配置：

分别移取0.00 mL、0.50 mL、1.00 mL、2.00 mL、3.00 mL、4.00 mL、5.00 mL 10 μg/L汞标准使用液于50 mL容量瓶中，分别加入2.5 mL盐酸，用水定容至标线，混匀。（汞标准系列溶液浓度见表3–7）

（2）砷系列标准曲线配置：

分别移取0.00 mL、0.50 mL、1.00 mL、2.00 mL、3.00 mL、4.00 mL、5.00 mL 100 μg/L砷标准使用液于50 mL容量瓶中，分别加入5 mL盐酸、10 mL硫脲和抗坏血酸混合溶液，室温放置30 min（室温低于15 ℃时，置于30 ℃水浴锅中保温20 min），用水定容至标线，混匀。（砷标准系列溶液浓度见表3–7）

（3）铋系列标准曲线配置：

分别移取0.00 mL、0.50 mL、1.00 mL、2.00 mL、3.00 mL、4.00 mL、5.00 mL 100 μg/L铋标准使用液于50 mL容量瓶中，分别加入5 mL盐酸、10 mL硫脲和抗坏血酸混合溶液，用水定容至标线，混匀。（铋标准系列溶液浓度见表3–7）

（4）锑系列标准曲线配置：

分别移取0.00 mL、0.50 mL、1.00 mL、2.00 mL、3.00 mL、4.00 mL、5.00 mL 100 μg/L锑标准使用液于50 mL容量瓶中，分别加入5 mL盐酸、10 mL硫脲和抗坏血酸混合溶液，室温放置30 min（室温低于15 ℃时，置

于 30 ℃水浴锅中保温 20 min），用水定容至标线，混匀。（锑标准系列溶液浓度见表 3-7）

表 3-7　各元素标准系列浓度 μg/L

元素	标准系列						
–	1	2	3	4	5	6	7
汞	0.00	0.10	0.20	0.40	0.60	0.80	1.00
砷	0.00	1.00	2.00	4.00	6.00	8.00	10.00
铋	0.00	1.00	2.00	4.00	6.00	8.00	10.00
锑	0.00	1.00	2.00	4.00	6.00	8.00	10.00

3. 绘制标准曲线

以硼氢化钾溶液为还原剂、5+95 盐酸溶液为载流，由低浓度到高浓度顺次测定校准系列标准溶液的原子荧光强度。用扣除零浓度空白的校准系列原子荧光强度为坐标，溶液中相对应的元素浓度（μg/L）为横坐标，绘制校准曲线。

4. 测定

将制备好的待测液导入原子荧光光度计中，按照与绘制标准曲线相同仪器工作条件进行测定。如果被测元素浓度超过标准曲线范围，应稀释后重新进行测定。（同时测定空白待测液）

3.10.7　结果计算

（1）植物样品中元素（汞、砷、铋、锑）的含量 ω_1（mg/kg)，按照公式（1）进行计算。

$$\omega_1 = \frac{(P - P_0)\times V}{m}\times 10^{-3} \quad (1)$$

式中：

ω_1——植物样品中元素的含量，mg/kg；

P——由标准曲线计算所得试液中元素的质量浓度，μg/L；

P_0——由标准曲线计算所得空白液中元素的质量浓度，μg/L；

V——微波消解后试样的定容体积，mL；

m——烘干植物样品质量，g。

（2）结果表示

测定结果小数位数的保留与方法检出限一致，最多保留三位有效数字。

3.10.8 注意事项

（1）实验所有的玻璃器皿均需用（1+1）硝酸溶液浸泡 24 h 后，依次用自来水、去离子水洗净。

（2）消解罐的清洗：先进行一次空白消解。（先加入 6 mL 盐酸，再慢慢加入 2 mL 硝酸，摇匀，拧紧盖子，将消解罐安置于消解罐支架上，放入微波消解仪中，按照表 3–5 提供的微波消解参考程序进行消解，消解结束后冷却至室温。打开密闭消解罐，弃掉空白液，洗净，备用。）

3.11 植物中无机元素的测定

3.11.1 方法依据

GB/T 5009.12–1996 食品中铅的测定方法。

3.11.2 方法要点

植物样品经硝酸高压密闭分解，无机元素都进入溶液中，用电感耦合等离子体发射光谱仪法或电感耦合等离子体质谱仪法定量分析。

3.11.3 主要仪器

20 mL 高压罐；高压罐消解仪或烘箱；电感耦合等离子发射光谱仪（ICP–OES）或质谱仪法（ICP–MS）；高压罐赶酸石墨消解仪或电热板等。

3.11.4 试剂

硝酸（HNO_3，$\rho \approx 1.42\ g \cdot cm^{-3}$ 优级纯）。

3.11.5 操作步骤

称取 0.0500 g 左右 (精确到 0.0001 g ）通过（80 目筛子）的烘干植物样

品于 20 mL 聚四氟乙烯高压罐中，加入 2 mL 硝酸，摇匀后，盖上盖，必须放置 2 ～ 4 h，（最好放置过夜）再将高压罐放入不锈钢套筒中，拧紧。放在 180 ℃的高压罐消解仪中分解 2 h 后，(高压罐消解仪升温程序见表 3-8 关闭高压罐消解仪。冷却至室温后，取出高压罐，打开上盖，准确加入 7 mL 去离子水，摇匀，倒入 10 mL 离心管中称重，摇匀，静置 12 h 后，上清液用电感耦合等离子体发射光谱仪法或电感耦合等离子体质谱仪法定量分析。（只要液体质量）同样的方法做空白（不加植物样）。注：待测液放置时间过长，上机前摇匀，放置 12 h 后，再上机测定。

表 3-8 高压罐消解仪参考程序

步骤	升温时间 /min	目标温度 /℃	保持时间 /min
1	20	100	2
2	10	150	2
3	5	180	120

3.11.6 结果计算

$$\text{植物中无机元素}\,W(\mathrm{mg/kg})=\frac{C\times V\times t_s}{m}$$

式中：

植物中无机元素 W——植物中无机元素的质量分数，mg/kg；

C——测定液中元素的质量浓度，μg/mL；

V——测定液体积，mL；

t_s——稀释倍数；

m——烘干植物质量，g。

3.11.7 注意事项

（1）硝酸和盐酸具有强腐蚀性，样品消解过程应在通风橱内进行，实验人员应注意佩戴防护器具。

（2）实验所有的玻璃器皿均需用（1+1）硝酸溶液浸泡 24 h 后，依次用自来水、去离子水洗净。

（3）消煮后打开高压罐上盖时出现很浓的黄烟是正常的。

3.11.8　仪器图片

实验用到的仪器如图 3–8 ～图 3–9 所示。

图 3–8　高压罐消解仪

图 3–9　电感耦合等离子体发射光谱

注：标准曲线的配比方法如表 3–9 所示。

表 3–9　标准曲线中各元素配比表

编号	元素	标准溶液 / (μg/mL)	标准系列溶液 1		标准系列溶液 2		标准系列溶液 3	
			ppm	mL	ppm	mL	ppm	mL
1	钙（Ca）	1000	5	0.5	10	1	30	3
2	镁 (Mg)	1000	2	0.2	5	0.5	10	1
3	磷 (P)	100	2	2	5	5	20	20
4	铁（Fe）	100	1	1	3	3	5	5
5	锰 (Mn)	100	1	1	2	2	4	4
6	铜 (Cu)	100	0.4	0.4	1	1	4	4
7	锌 (Zn)	100	0.4	0.4	1	1	4	4
8	硫 (S)	100	2	2	5	5	10	10
9	钼 (Mo)	100	0.1	0.1	0.5	0.5	2	2

续 表

编号	元素	标准溶液 / (μg/mL)	标准系列溶液 1		标准系列溶液 2		标准系列溶液 3	
			ppm	mL	ppm	mL	ppm	mL
10	硼 (B)	100	0.1	0.1	0.5	0.5	2	2
11	钾 (K)	1000	5	0.5	10	1	30	3
12	钠 (Na)	1000	2	0.2	5	0.5	10	1
13	铅 (Pb)	100	0.1	0.1	0.5	0.5	2	2
14	镍 (Ni)	100	0.1	0.1	0.5	0.5	2	2
15	镉 (Cd)	100	0.1	0.1	0.5	0.5	2	2
16	铬 (Cr)	100	0.1	0.1	0.5	0.5	2	2
17	砷 (AS)	100	0.1	0.1	0.5	0.5	2	2
18	铝（Al）	100	0.5	0.5	1	1	5	5

注：定容于 100 mL 容量瓶。加 5 mL 浓硝酸可长期保存。

特别注意：

（1）硫（S），磷 (P)：需要单独配制。

（2）钠（Na）：一定要用塑料容量瓶。

（3）根据自己样品的含量多少，可以增加或减少标准曲线浓度，样品测定浓度尽量控制在标准曲线浓度范围内。

3.12 森林植物与森林枯枝落叶层粗灰分的测定方法

3.12.1 方法依据

LY/T 1268—1999 森林植物与森林枯枝落叶层粗灰分的测定。

3.12.2 方法要点

森林植物及枯枝落叶层在 550 ℃灼烧灰化后，留下的矿物元素即为粗灰分，计算成灰分含量（g/kg）。

3.12.3　仪器、设备

（1）调温电炉；

（2）马弗炉；

（3）电子天平（精确到 0.0001 g）；

（4）瓷坩埚（30 mL）。

3.12.4　操作步骤

1. 称坩埚质量

将空坩埚将置于马弗炉中，半开坩埚盖，于 550 ℃灼烧 2 h，冷却后称量，再放入马弗炉于 550 ℃灼烧 1 h 再称量，两次质量小于 0.0005 g 为恒定质量。

2. 称样

用天平称取制备好的森林植物样品 2 g 或木材 5 g 于小烧杯中，放入烘箱中，于 65 ℃烘 24 h，然后放入干燥器内，20 min 后用减量法在分析天平上把样品称入已知质量的瓷坩埚中（精确刀 0.0001 g），坩埚内的样品要使它处于疏松状态，以利灼烧完全。

3. 灰化与称量

将盛样品坩埚放在调温电炉上，稍开坩埚盖，加热，使样品慢慢地冒烟，等烟冒完后，再烧 15 min 左右。把坩埚移入马弗炉中半开坩埚盖，由室温升到 400 ℃，保持 30 min，再升到 550 ℃，保持 6 h, 与称空坩埚同样步骤称量。再于 500 ℃灼烧 2 h，称至恒定质量。

检查灰分是否灰化完全，可用手轻轻抖动坩埚，使底部的灰分露出来，若下层灰分的颜色比上层的深，即示没有灰化完全，应抖动坩埚使底部的灰分与上部的混合后，再在 550 ℃灼烧 4 ～ 6 h, 然后称至恒定质量。坩埚加灰分质量减去空坩埚质量，即为灰分质量。森林植物与森林枯枝落叶层经灼烧后的灰分有白、灰、黄、棕、紫等不同颜色。

3.12.5　结果计算

$$\text{灰分含量}\ (\mathrm{g/kg}) = \frac{m_1 - m_0}{m} \times 1000$$

式中：

m_1——坩埚加灰分质量，g；

m_0——空坩埚质量，g；

m——烘干样质量，g。

3.12.6 注意事项

（1）马弗炉腔内的不同位置，温度相差较大，因此坩埚不能放在炉腔门处。

（2）无论空坩埚或盛样品的坩埚，从放入马弗炉内灼烧到称量，所有步骤要一致，一批样品中的每个坩埚都要按照坩埚号码依次进行操作，不要改变先后顺序。

（3）各元素氧化物含量（g/kg）之和应接近灰分含量（g/kg）。

（4）植物灰分含量小于 50 g/kg 为低量，50 ～ 150 g/kg 为中量，大于 150 g/kg 为高。一般森林植物的灰分均小于 10 g/kg（竹类及禾本科 100 g/kg 左右，木材小于 20 g/kg），而森林枯枝落叶层的灰分含量较高。

（5）绝对偏差 = 测量值 – 平均值，结果如表 3–10 所示。

表 3–10 允许偏差

测定值 /（g/kg）	绝对偏差 /（g/kg）
> 100	> 5
100 ～ 50	5 ～ 2.5
50 ～ 10	2.5 ～ 1.0
10 ～ 5	1.0 ～ 0.5
< 5	< 0.5

3.13 植物样品中无机元素的测定

3.13.1 方法依据

李刚，郑若锋 . X 射线荧光光谱法测定植物样品中 12 种元素含量 [J]. 理化检验 – 化学分册，2012, 48(12): 1433—1437.

3.13.2 方法要点

植物样品经过衬垫压片或铝杯（或塑料杯）压片后，试样中的原子受到适当的高能辐射激发后，放射出该原子所具有的特征 X 射线，其强度大小与试样中该元素的质量分数成正比。通过测量特征 X 射线的强度来定量分析试样中各元素的质量分数。

3.13.3 适用范围

本标准适用于植物中 30 种无机元素的测定，包括砷（As）、钡（Ba）、溴（Br）、铈（Ce）、氯（Cl）、钴（Co）、铬（Cr）、铜（Cu）、铪（Hf）、镧（La）、锰（Mn）、镍（Ni）、磷（P）、铅（Pb）、铷（Rb）、硫（S）、钪（Sc）、锶（Sr）、钍（Th）、钛（Ti）、钒（V）、钇（Y）、锌（Zn）、硅（Si）、铝（Al）、铁（Fe）、钾（K）、钠（Na）、钙（Ca）、镁（Mg）。

3.13.4 主要仪器

（1）波长色散 X 射线荧光光谱仪；

（2）200 t 压片机；

（3）塑料样品杯。

3.13.5 操作步骤

取 3 ～ 4 g(不需要称重）通过（100 目筛子）的烘干植物样于塑料杯内，放在压片机上压片，然后直接把压片好试样放在波长色散 X 射线荧光光谱仪上进行测定。

3.13.6 结果计算

此方法仪器上的软件自动计算出最终结果，不需要自己计算。

3.13.7 注意事项

（1）硫和氯元素具有不稳定性、极易受污染等特性，分析含硫和氯元素的样品时，制备后的试样应立即测定。

（2）当样品基体明显超出本方法规定的植物校准曲线范围时，或当元素质量分数超出测量范围时，应使用其他国家标准方法进行验证。

3.13.8 仪器图片

实验用到的仪器如图 3-10 ～图 3-11 所示。

图 3-10　200 t 压片机

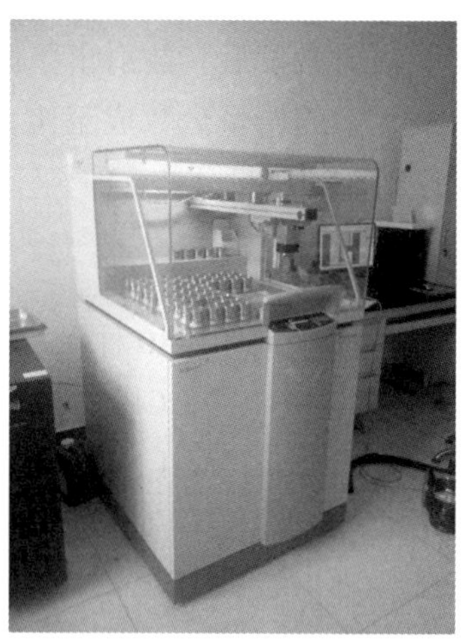

图 3-11　波长色散 X 射线荧光光谱仪

3.14 植物样品中叶绿素的测定

3.14.1 方法依据

NY/T 3082—2017 水果、蔬菜及其制品中叶绿素含量的测定 分光光度计。

3.14.2 方法要点

试样中的叶绿素用无水乙醇和丙酮 1 ∶ 1（V ∶ V）混合液提取，试液分别测定 645 nm 和 663 nm 处吸光度值，利用 Arnon 公式计算试样叶绿素含量。

3.14.3 主要仪器

（1）分光光度计。

（2）分析天平（ ± 0.01 g）。

（3）高速组织捣碎机：0 ～ 2000 r/min。

3.14.4 试剂

（1）无水乙醇。

（2）丙酮。

（3）提取剂：无水乙醇和丙酮 1 ∶ 1（V ∶ V）混合液。

3.14.5 操作步骤

1. 含水量较多的样品

取代表性样品，切碎，混匀，用组织捣碎机制成匀浆，备用。

2. 含水量较少的样品

取代表性样品，按 1 ∶ 1（m ∶ m）的比例加入蒸馏水，用组织捣碎机制成匀浆，备用。

3. 试液制备

深绿色样品，准确称取 0.5 g 试样于三角瓶中，加入 100 mL 提取剂。绿色样品，准确称取 0.5 g 试样于三角瓶中，加入 10 mL 提取剂。浅绿色样品，称取 2.0 ～ 5.0 g 试样于三角瓶中，加入 10 mL 提取剂。三角瓶用封口膜密封，室温下避光提取 5 h，过滤，滤液待测。

注意：光照和高温会使叶绿素发生氧化和分解，试样制备时应避免高温和光照。

4. 试液的测定

以提取剂为空白溶液，调零点。分别在 645 nm 和 663 nm 处测定试液的吸光度值。

3.14.6 结果计算

试样中叶绿素 a 含量、叶绿素 b 含量和叶绿素总含量均以质量分数 ω 表示，单位为毫克每克（mg/g），分别按式（1）、式（2）和式（3）计算。

$$\omega_1=(12.72\times A_1-2.59\times A_2)\times V/(1000\times m) \tag{1}$$

式中：

ω_1——叶绿素 a 含量，mg/g；

A_1——试液在 663 nm 处的吸光度值；

A_2——试液在 645 nm 处的吸光度值；

V——试液体积，mL；

m——试液质量，g。

计算结果保留 3 位有效数字。

$$\omega_2=(22.88\times A_2-4.67\times A_1)\times V/(1000\times m) \tag{2}$$

式中：

ω_2——叶绿素 b 含量，mg/g。

计算结果保留 3 位有效数字。

$$\omega_3=(8.05\times A_1+20.29\times A_2)\times V/(1000\times m) \tag{3}$$

式中：

ω_3——叶绿素总含量，mg/g。

计算结果保留 3 位有效数字。

精密度：

在重复性条件下获得的2次独立测定结果的绝对差值不大于这2个测定值算术平均值的10%。

3.15 植物中可溶性糖的测定

3.15.1 蒽酮法测定可溶性糖

1. 方法要点

糖在浓硫酸作用下，可经脱水反应生糠醛或羟甲基糠醛，生成的糠醛或羟甲基糠醛可与蒽酮反应生成蓝绿色糠醛衍生物，在一定范围内，颜色的深浅与糖的含量成正比，故可用于糖的定量测定。

该法的特点是几乎可以测定所有的碳水化合物，不但可以测定戊糖与已糖含量，而且可以测所有寡糖类和多糖类，其中包括淀粉、纤维素等（因为反应液中的浓硫酸可以把多糖水解成单糖而发生反应），所以用蒽酮法测出的碳水化合物含量，实际上是溶液中全部可溶性碳水化合物总量。在没有必要细致划分各种碳水化合物的情况下，用蒽酮法可以一次测出总量，省去许多麻烦，因此，有特殊的应用价值。但在测定水溶性碳水化合物时，则应注意切勿将样品的未溶解残渣加入反应液中，不然会因为细胞壁中的纤维素、半纤维素等与蒽酮试剂发生反应而增加了测定误差。此外，不同的糖类与蒽酮试剂的显色深度不同，果糖显色最深，葡萄糖次之，半乳糖、甘露糖较浅，五碳糖显色更浅，故测定糖的混合物时，常因不同糖类的比例不同造成误差，但测定单一糖类时，则可避免此种误差。

糖类与蒽酮反应生成的有色物质在可见光区的吸收峰为620 nm故在此波长下进行比色。

2. 仪器设备

分光光度计；分析天平；离心管；离心机；恒温水浴锅；电炉等。

3. 试剂

（1）葡萄糖标准溶液（100 μg/mL）：准确称取100 mg（分析纯）无水

葡萄糖，溶于水中，定容至 100 mL 容量瓶，使用时再稀释 10 倍（100 μg/mL）。

（2）蒽酮试剂：称取 1.0 g 蒽酮，溶于 80% 浓硫酸（将 98% 浓硫酸稀释，把浓硫酸缓缓加入到水中）中，冷却到室温后，定容至 1 L。贮于具塞棕色瓶内，冰箱保存，可使用 2 ～ 3 周。

4. 操作步骤

（1）样品中可溶性糖的提取：称取剪碎混匀的新鲜样品 0.5 ～ 1.0 g（或干样粉末 5 ～ 100 mg），放入大试管中，加入 15 mL 蒸馏水，在沸水浴中煮沸 20 min 取出冷却，过滤入 100 mL 容量瓶中，用蒸馏水冲洗残渣数次，定容至刻度。

（2）标准曲线制作：取 6 支大试管，从 0 ～ 5 分别编号，按表 3-11 加入各试剂。

表 3-11　蒽酮法测可溶性糖制作标准曲线的试剂量

试管号	100 μg/mL 葡萄糖标准溶液 /mL	蒽酮试剂 /mL	葡萄糖量 / μ g
0	0	5.0	0
1	0.2	5.0	20
2	0.4	5.0	40
3	0.6	5.0	60
4	0.8	5.0	80
5	1.0	5.0	100

将各管快速摇动混匀后，在沸水浴中煮 10 min，取出冷却，在 620 nm 波长下，用空白调零测定光密度，以光密度为纵坐标，含葡萄糖量（μg）为横坐标绘制标准曲线。

（3）样品测定：取待测样品提取液 1.0 mL，加入 5.0 mL 蒽酮试剂，快速摇动混匀后，在沸水浴中煮 10 min，取出冷却，在 620 nm 波长下测定，从标准曲线查得样品中糖的量（μg）。做 3 个重复。

5. 结果计算

$$\text{可溶性糖含量}\ (\%) = \frac{C \times t_s}{m \times 10^6} \times 100$$

式中：

C——从标准曲线查得样品中糖的量，μg；

t_s——样品提取液总体积（mL）/ 显色时取样品液量（mL）（本实验为：100/1）；

m ——样品重，g。

3.15.2　苯酚法测定可溶性糖

1. 方法要点

植物体内的可溶性糖主要是指能溶于水及乙醇的单糖和寡聚糖。苯酚法测定可溶性糖的原理是：糖在浓硫酸作用下，脱水生成的糠醛或羟甲基糠醛能与苯酚缩合成一种橙红色化合物，在 10 ～ 100 mg 范围内其颜色深浅与糖的含量成正比，且在 485 nm 波长下有最大吸收峰，故可用比色法在此波长下测定。苯酚法可用于甲基化的糖、戊糖和多聚糖的测定，方法简单，灵敏度高，实验时基本不受蛋白质存在的影响，并产生的颜色稳定 160 min 以上。

2. 仪器设备

分光光度计；分析天平；恒温水浴锅；电炉等。

3. 试剂

（1）浓硫酸（分析纯）。

（2）90% 苯酚溶液：称取 90 g 苯酚（AR），加水溶解并定容至 100 mL，在室温下可保存数月。

（3）9% 苯酚溶液：吸取 10 mL 90% 苯酚溶液于 100 mL 容量瓶中，用水定容至刻度。

现配现用。

（4）1% 蔗糖标准液：将分析纯蔗糖在 80 ℃下烘至恒重，精确称取 1.0000 g 加入少量水溶解，移入 100 mL 容量瓶中，加入 0.5 mL 浓硫酸，用水定容至刻度。

（5）100 μg/L 蔗糖标准液：精确吸取 1% 蔗糖标准液 1 mL 于 100 mL 容量瓶中，用水定容至刻度。

4. 操作步骤

（1）可溶性糖待测液的制备：取新鲜植物叶片，擦净表面污物，剪碎混匀，称取 0.1 ～ 0.3 g, 共 3 份，分别放入 3 支刻度试管中，加入 5 ～ 10 mL 蒸馏水，塑料薄膜封口，于沸水中提取 30 min(提取 2 次)，提取液过滤入 25 mL 容量瓶中，反复冲洗试管及残渣，定容至刻度。

（2）标准曲线的制作：取 20 mL 刻度试管 11 支，从 0 ～ 10 分别编号，按表 3-12 加入溶液和水，然后按顺序向试管内加入 1 mL9% 苯酚溶液，摇匀，再从管液正面以 5 ～ 20 s 时间加入 5 mL 浓硫酸，摇匀。比色液总体积为 8 mL，在室温下放置 30 min，显色。然后以空白为参比，在 485 nm 波长下比色测定，以糖含量为横坐标，光密度为纵坐标，绘制标准曲线，求出标准直线方程。

表 3-12　苯酚法测可溶性糖绘制标准曲线的试剂量

试管号	0	1、2	3、4	5、6	7、8	9、10
100 μg/L 蔗糖标准液 /mL	0	0.2	0.4	0.6	0.8	1.0
蒸馏水 /mL	2.0	1.8	1.6	1.4	1.2	1.0
蔗糖量 /μg	0	20	40	60	80	100

（3）样品测定：吸取待测液 0.5 mL 于试管中（重复 2 次），加蒸馏水 1.5 mL，然后按顺序向试管内加入 1 mL 9% 苯酚溶液，摇匀，再从管液正面以 5 ～ 20 s 时间加入 5 mL 浓硫酸，摇匀。比色液总体积为 8 mL，在室温下放置 30 min，显色。然后在 485 nm 波长下比色测定。

5. 结果计算

$$\text{可溶性糖含量（\%）} = \frac{C \times t_s}{m \times 10^6} \times 100$$

式中：

C——从标准曲线查得样品中糖的量，μg；

t_s——样品提取液总体积（100 mL）/ 显色时取样品液量（0.5 mL）；

m ——样品重，g。

6. 注意事项

（1）样品量和稀释倍数的确定，要考虑本方法的检测范围，待测液的含糖量要在标准曲线范围内。

（2）标准曲线的制作与样品的测定要在相同条件下进行，最好是同时进行显色和比色。

（3）实验使用的强酸注意不要洒在仪器及皮肤上。

3.16　植物中还原糖和总糖的测定

3.16.1　方法要点

各种单糖和麦芽糖是还原糖，蔗糖和淀粉是非还原糖。利用溶解性质不同，可将植物样品中的单糖、双糖、多糖分别提取出来。再用水解法使没有还原性的双糖和多糖彻底水解成有还原性的单糖。

在碱性条件下，还原糖与 3,5- 二硝基水杨酸共热，3, 5- 二硝基水杨酸被还原为 3- 氨基 -5- 硝基水杨酸（棕红色物质），还原糖则被氧化成糖醛酸及其他产物。在一定范围内，还原糖的量与棕红色物质的颜色深浅成比例关系，在 540 nm 波长下测定棕红色物质的吸光度，通过标准曲线，便可求出样品中总糖的含量。多糖水解时，在单糖残基上加了一个分子水，因而在计算中需扣除已经加入的水量，测定所得的总糖量乘以 0.9 即为实际的总糖含量。

3.16.2　仪器设备

分光光度计；分析天平；恒温水浴锅；容量瓶等。

3.16.3　试剂

（1）葡萄糖标准溶液（1 mg/mL）：准确称取 500 mg（分析纯）无水葡萄糖，溶于水中，定容至 500 mL 容量瓶中，摇匀。冰箱中保存备用。

（2）3, 5- 二硝基水杨酸试剂（DNS）：称取 6.5 g 3, 5- 二硝基水杨酸和 262 mL 2 mol/L 氢氧化钠溶液加到 500 mL 含有 185 g 酒石酸钾钠的热水中，再加 5 g 结晶酚和 5 g 亚硫酸钠，搅拌溶解。冷却后用水定容至 1 L。储于棕色瓶中备用。7 ～ 10 天后才能使用。（大多数文献中使用这个 DNS 试剂。）

（3）碘 – 碘化钾溶液：称取 5 g 碘和 10 g 碘化钾，溶于 100 mL 水中。

（4）6 mol/L 盐酸溶液：量取 500 mL 浓盐酸，缓缓倒入 500 mL 水中，冷却后定容至 1 L。

（5）6 mol/L 氢氧化钠溶液：称取 240 g 氢氧化钠，倒入 600 mL 水中，边加边搅拌，冷却后定容至 1 L。（在通风橱操作）

3.16.4 操作步骤

1. 还原糖的提取

准确称取植物新鲜样品 1 ～ 2 g（或干样 0.5 g），加水 3 mL 在研钵中磨成匀浆，转入 100 mL 三角瓶中，用 47 mL 水，分 2 ～ 3 次冲洗研钵，洗出液转入三角瓶中，摇匀后置于 50 ℃水中保温 20 min 后，用水定容到 100 mL 容量瓶中，过滤。作为还原糖待测液。（还原糖测定方法和总糖的测定方法一样。）

2. 总糖的水解与提取

准确称取植物新鲜样品 1 ～ 2 g（或干样 0.5 g），加水 3 mL 在研钵中磨成匀浆，转入 100 mL 三角瓶中，用 12 mL 水，分 2 ～ 3 次冲洗研钵，洗出液转入三角瓶中，再向三角瓶中加入 10 mL 6 mol/L 盐酸溶液，摇匀后置于沸水中加热水解 30 min。取 1 ～ 2 滴水解液于白瓷板上，加 1 滴碘 – 碘化钾溶液，检查水解是否完全。如已完全水解，则不显蓝色。待三角瓶中的水解液冷却后，加入 1 滴酚酞指示剂，用 6 mol/L 氢氧化钠溶液中和至微红色，用蒸馏水定容在 100 mL 容量瓶中，混匀。将定容后的水解液过滤，取滤液 10 mL，移入另一个 100 mL 容量瓶中定容，混匀，作为总糖待测液。

3. 标准曲线的制作

取 7 支 20 mL 具塞刻度试管编号，按表 3–13 分别加入 1 mg/mL 葡萄糖标准溶液、蒸馏水和 3，5- 二硝基水杨酸试剂（DNS）试剂，配成不同葡葡糖含量的反应液。

将各管摇匀，在沸水中加热 5 min，取出后用自来水冷却至室温，加蒸馏水定容至 25 mL，混匀。在 540 nm 波长下，以 0 号管作为对照，分别测定其他 6 支管的吸光度，并绘制曲线。

表 3-13　葡萄糖制作标准曲线的试剂量

试管号	1 mg/mL 葡萄糖标准溶液 /mL	蒸馏水 /mL	DNS 试剂 /mL	葡萄糖量 /mg
0	0	2	1.5	0
1	0.2	1.8	1.5	0.2
2	0.4	1.6	1.5	0.4
3	0.6	1.4	1.5	0.6
4	0.8	1.2	1.5	0.8
5	1.0	1.0	1.5	1.0
6	1.2	0.8	1.5	1.2

4. **样品测定**

准确吸取 1 mL 总糖待测液于 20 mL 具塞刻度试管中，加入 1 mL 蒸馏水及 1.5 mL(DNS) 试剂，将各管摇匀，在沸水中加热 5 min，取出后用自来水冷却至室温，加蒸馏水定容至 25 mL，混匀。在 540 nm 波长下，测定各管吸光度，取平均值。（重复 3 次）

3.16.5　结果计算

（1）还原糖含量以（%）计，按公式：

$$\text{还原糖含量}\ (\%)=\frac{C\times t_s}{m\times 10^3}\times 100$$

式中：

C——从标准曲线查得样品中糖的量，mg；

t_s——样品提取液总体积（100 mL）/ 显色时取样品液量（1 mL）；

m——样品重，g。

（2）总糖含量以（%）计，按公式：

$$\text{总糖含量}\ (\%) = \frac{C \times t_s \times 0.9}{m \times 10^3} \times 100$$

式中：

C——从标准曲线查得样品中糖的量，mg；

t_s——样品提取液总体积（100 mL）/ 显色时取样品液量（1 mL）；

m——样品重，g。

0.9——由于多糖水解为单糖时，每断裂一个糖苷键需加入一分子水，所以在计算多糖含量时应乘以 0.9。

3.16.6 注意事项

（1）样品量和稀释倍数的确定，要考虑本方法的检测范围，待测液的含糖量要在标准曲线范围内。

（2）标准曲线的制作与样品的测定要在相同条件下进行，最好是同时进行显色和比色。

3.16.7 引用文献

（1）王俊刚，张树珍，杨本鹏，et al. 3,5- 二硝基水杨酸 (DNS) 法测定甘蔗茎节总糖和还原糖含量 [J]. 甘蔗糖业，2008, 000(005):45–49.

（2）舒馨，刘雄民，梁秋霞. 3,5- 二硝基水杨酸吸光光度法测定八角残渣中总糖、还原糖含量 [J]. 食品工业科技，2010, 031(006):341–343.

参考文献

[1] 鲁如坤 . 土壤农业化学分析方法 [M]. 北京：中国农业科技出版社，2000.

[2] 鲍士旦 . 土壤农业分析 [M]. 3 版 . 北京：中国农业出版社， 2005.

[3] 杜森，高祥照 . 土壤分析技术规范 [M]. 2 版 . 北京：中国农业出版社，2006.

[4] 姚槐应，黄昌勇 . 土壤微生物生态学及其实验技术 [M]. 北京：科学出版社，2006.

[5] 吴金水，林启美，黄巧云，等 . 土壤微生物生物量测定方法及其应用 [M]. 北京：气象出版社，2006.

[6] 林先贵 . 土壤微生物研究原理与方法 [M]. 北京：高等教育出版社，2010.

[7] 董 鸣 . 陆地生物群落调查观测与分析 [M]. 北京：中国标准出版社，1997.

[8] 土壤环境监测技术规范 – 高压密闭分解法：HJ/T 166—2004 [S].

[9] 土壤和沉积物 无机元素的测定 – 波长色散 X 射线荧光光谱法 :HJ 7802015[S].

[10] 土壤和沉积物 12 种金属元素的测定 – 王水提取 – 电感耦合等离子体质谱法：HJ 803—2016 [S].

[11] 土壤和沉积物 汞、砷、硒、铋、锑的测定 – 微波消解 – 原子荧光法：

HJ 680—2013[S].

[12] 土壤有机碳的测定 - 燃烧氧化 - 非分散红外法：HJ 695—2014 [S].

[13] 森林土壤有机质的测定：LY/T 1237—1999 [S].

[14] 森林土壤 pH 的测定：LY/T 1239—1999 [S].

[15] 森林土壤全氮的测定：LY/T 1228—2015[S].

[16] 森林土壤全磷的测定：LY/T 1232—2015[S].

[17] 土壤有效磷的测定：NY/T 1121.7—2014 [S].

[18] 土壤水分的测定：NY/T 52—1987 [S].

[19] 森林土壤速效钾的测定：LY/T 1236—1999[S].

[20] 森林土壤阳离子的测定：LY/T 1243—1999[S].

[21] 森林土壤颗粒组成（机械组成）的测定：LY/T 1225—1999[S].

[22] 土壤有效硫的测定 NY/T 1121.14—2016[S].

[23] 土壤有效硼的测定：NY/T 1121.8—2006[S].

[24] 森林土壤碳酸钙的测定：LY/T 1250—1999[S].

[25] 土壤容重的测定：NY/T 1121.4—2006[S].

[26] 土壤田间持水量测定：NY/T 1121.22—2010[S].

[27] 食品中水分的测定：GB 5009.3—2016 [S].

[28] 森林植物与森林枯枝落叶层全氮的测定：LY/T 1269—1999 [S].

[29] 植物中氮、磷、钾的测定：NY/T 2017—2011 [S].

[30] 食品中铅的测定：GB/T 5009.12—1996 [S].

[31] 森林植物与森林枯枝落叶层粗灰分的测定：LY/T 1268—1999[S].

[32] 崔艳红 , 李伟 , 赵富荣 , 等 . 微波消解 - 原子荧光光谱法四通道同时测定中草药中砷、锑、铋和汞元素含量 [J]. 分析仪器 ,2018(4):21-25.

[33] 乔爱香 , 曹磊 , 江冶 , 等 . 干法灰化和微波消解 - 电感耦合等离子体发射光谱法测定植物样品中 22 个主次量元素 [J]. 岩矿测试 ,2010,29(1):29-33.

[34] FANG K, QIN S, CHEN L, et al. Al/Fe mineral controls on soil organic carbon stock across Tibetan alpine grasslands [J]. Geophys. Res. Biogeosci，2019（124）：247-259.

[35] MCGREEHAN S L , 彭世逞 . 土壤和植物样品中碳 , 氮自动仪器分析 [J]. 土壤学进展 , 1991(2):49-50.

[36] 邢雁，朱丽琴，张红艳 .EDTA- 乙酸铵浸提 ICP-OES 法直接测定土壤中的交换性钾钠钙镁锰 [J]. 安徽农业科学 ,2010,38(28):15694-15695.

[37] 杨乐苏，于彬 . 比重计法测定酸性土壤机械组成的方法改进 [J]. 河南林业科技 ,2005(3):43-44，52.

[38] 吴金水，肖和艾，陈桂秋，等 . 旱地土壤微生物磷测定方法研究 [J]. 土壤学报 ,2003(1):70-78.

[39] NANNIPIERI, GIAGNONI, RENELLA, et al. Soil enzymology: classical and molecular approaches [J].BIOL FERT SOILS, 2012, 48(7)：743-762.

[40] CHEN L, LIU L, MAO C, et al. Nitrogen availability regulates topsoil carbon dynamics after permafrost thaw by altering microbial metabolic efficiency [J]. Nat Commun，2018，9（1）:3951.

[41] 森林土壤大团聚体组成的测定：LY/T 1227—1999[S].

[42] 李刚，郑若锋 . X 射线荧光光谱法测定植物样品中 12 种元素含量 [J]. 理化检验 - 化学分册 , 2012, 48(12): 1433-1437

[43] 水果、蔬菜及其制品中叶绿素含量的测定 分光光度计：NY/T 3082—2017[S].

[44] 刘光崧 . 土壤理化分析与剖面描述 [M]. 北京：中国标准出版社， 1996.

[45] 森林土壤水溶性盐分分析：LY/T 1251—1999[S].

[46] 土壤阳离子交换量的测定 三氯化六氨合钴浸提 - 分光光度计：HJ 889—2017[S].

[47] 张德录 .ICP-AES 法测定建筑物基础周边水和土壤易溶盐中的五种离子 [J]. 安阳工学院学报 ,2013（4）：30-32.

[48] 王俊刚，张树珍，杨本鹏，等 . 3,5- 二硝基水杨酸 (DNS) 法测定甘蔗茎节总糖和还原糖含量 [J]. 甘蔗糖业 , 2008, (5):45-49.

[49] 舒馨，刘雄民，梁秋霞 . 3,5- 二硝基水杨酸吸光光度法测定八角残渣中总糖、还原糖含量 [J]. 食品工业科技 , 2010, 31(6):341-343.

[50] 闫颖，何红波，解宏图，等 . 总有机碳分析仪测定土壤中微生物量方法的改进 [J]. 理化检验 , 2008, 44(3):279-280.

[51] 庞世花，沈彦辉，杨元光，等 . 连续流动分析仪测定土壤有效磷方法的优化 [J]. 北方园艺 , 2018（7）：5.

[52] 张妙霞，孔祥生，郭秀璞，等．蒽酮法测定可溶性糖显色条件的研究 [J]. 河南科技大学学报：农学版，1997(4):24–28.

[53] 熊福生，高煜珠．植物组织可溶性糖含量（蒽酮法）最佳测定条件的选择 [J]. 扬州大学学报：农业与生命科学版，1988, 9(3)：117–119.

[54] 宋建国，王晶，林杉．用连续流动分析仪测定土壤微生物态氮的方法研究 [J]. 植物营养与肥料学报，1999(3):91–96.

[55] 土壤有效硅的测定：NY/T 1121.15—2006 [S].

[56] 土壤最大吸湿量的测定：NY/T 1121.21—2008 [S].

[57] 土壤氧化还原电位的测定：HJ 746—2015 [S].

[58] 土壤缓效钾的测定：LY/T 1234—2015 [S].

[59] 杭子清，王国祥，刘金娥，等．互花米草盐沼土壤有机碳库组分及结构特征 [J]. 生态学报，2014, 34(15):4175–4182.

[60] 商素云，李永夫，姜培坤，等．天然灌木林改造成板栗林对土壤碳库和氮库的影响 [J]. 应用生态学报，2012, 23(3):659–665.

[61] 李力争，吴赫，韩张雄，等．电感耦合等离子体–质谱法测定土壤中的有效钼 [J]. 光谱实验室，2012, 29(4):2282–2285.